MANUEL DE L'IMPRIMERIE,

CONTENANT

La Dénomination des Caractères en usage, leurs différentes Proportions ; la Description des Signes peu usités dans cet Art, tels que ceux de Médecine, d'Algèbre, de Prosodie, du Zodiaque ; des Tables de comparaison pour trouver ce qu'un Caractère regagne ou chasse sur un autre ; un Alphabet grec ; le Modèle des Casses ; la Manière de faire l'Encre rouge et l'Encre noire ; d'Imprimer le Parchemin vélin ; de Préparer et de Conserver les Cuirs afin d'obtenir une économie, des Instructions utiles aux Compositeurs chargés de mettre en page ; la Manière de faire les Ronds et les Ovales (avec des filets) servant aux Adresses, Tableaux et Ornemens ; et généralement tout ce qui peut intéresser les Personnes qui s'occupent soit par goût, soit par état, de ce qui a rapport à l'Imprimerie ;

AVEC QUATRE-VINGT-DIX FIGURES,

Au moyen desquelles on peut Imposer tous les Formats ;

Des Instructions aux Relieurs et Brocheuses pour apprendre à les Plier,

Et un Tableau pour la Correction des Epreuves.

SECONDE ÉDITION CORRIGÉE ET AUGMENTÉE.

DE L'IMPRIMERIE DE GILLÉ.

A PARIS,

Chez FARGE, cloître Saint-Benoit, n°. 2, au coin de la rue des Mathurins.

1817

MANUEL

DE L'IMPRIMERIE.

Des Caractères et de leur proportion. Comparaison de leurs différens corps.

IL est essentiel de savoir qu'il y a vingt sortes ou corps de caractères, depuis le plus haut jusqu'au plus bas degré, auxquels nous joignons à côté la proportion qu'ils ont entre eux, excepté néanmoins les cinq premiers, qui dans l'usage ordinaire ne font aucun corps d'ouvrage.

Noms des Caractères.	*Proportion de ces Caractères.*
Grosse Nompareille.	
Triple Canon.	
Double Canon.	
Gros Canon.	
Trismegiste.	
Petit Canon.............	Deux Saint-Augustins.
Palestine................	Deux Cicéros.
Gros Parangon...........	Une Philosophie et un petit Rom.
Petit Parangon...........	Deux Petit Rom. ou 3 Nompar.
Gros Romain.............	Un Petit Rom. et un Petit Texte.
Gros Texte..............	Deux Petit Textes.
Saint-Augustin...........	Un Petit Texte et une Nompar.
Cicéro..................	Deux Nompareilles.
Philosophie..............	Une Mignone et une Parisienne.
Petit Romain.............	Une Nompareille et une Par.
Gaillarde	Deux Parisiennes.
Petit Texte.	
Mignone.	
Nompareille.	
Parisienne ou Sédanoise.	

La plupart de ces caractères ont plusieurs œils, qu'on distingue par gros, moyen ou petit œil.

Nous remarquerons, que la proportion des caractères, même sur un petit nombre de lignes, n'est pas toujours fort précise, et que cela vient de ce que les fondeurs se sont permis d'affaiblir le *corps* de leurs caractères. Nous avons reconnu qu'un *gros parangon*, dont la proportion, suivant ce que nous avons accusé ci-dessus, est avec une *philosophie* et un *petit romain*, demanderait, suivant certains fondeurs, un *cicéro* et un *petit romain*.

Nous desirerions trois conditions essentielles dans les caractères, qui toutes trois influent, ou sur le profit d'un maître, ou sur la netteté de l'impression.

La première: Que les caractères ou autres ornemens de fonte, eussent une telle proportion et si précise, qu'ils fussent très-scrupuleusement fondus de même hauteur et de même force.

La seconde: Que nos caractères eussent plus de *relief*, c'est-à-dire que l'œil fût plus creux.

Et la troisième: Que la *matière* de ces caractères fût meilleure que celle employée par certains fondeurs.

Par la première condition, on épargnerait la peine de mettre des hausses pour suppléer à l'inégalité de hauteur des différens caractères dans un ouvrage qui en est susceptible; ce qui n'est pas le moindre talent de l'imprimeur, et ce qui très-souvent est négligé en tout ou en partie.

Au sujet du peu de *relief* de l'œil des caractères, nous ne sommes pas surpris si les impressions sont si peu nettes; car pour peu qu'un papier trompe la main de celui qui le trempe, ou soit sujet à s'effleurer; pour tant soit peu qu'un noir soit graveleux et pesant, il n'est pas difficile de concevoir que l'œil s'emplit, et que l'impression ne peut être nette; et dans ce cas l'imprimeur étant obligé de nettoyer les lettres, il le fait souvent si maladroitement qu'il abime tout ce qu'il atteint avec la pointe.

Tables pour savoir ce qu'un Caractère inférieur regagne sur un autre Caractère supérieur, et ce qu'un Caractère supérieur chasse de plus sur un Caractère inférieur.

Pour nous attacher plus particulièrement à ce qui peut être utile, nous avons cru qu'il était à propos de rapporter des tables, où l'on pût voir dans l'instant ce qu'un caractère moindre peut regagner sur ceux qui sont au-dessus, tant en hauteur qu'en épaisseur, et conséquemment, ce qu'un caractère supérieur peut chasser sur ceux qui lui sont inférieurs.

Table pour trouver ce qu'un Caractère inférieur regagne sur un autre Caractère supérieur.

La feuille in-12 de	Sur la Gaillarde.	Sur le Petit-Romain.	Sur la Philosophie.	Sur le Cicéro.	Sur le Saint-Augustin.	Sur le Gros-Romain.	Sur le petit-Parangon.
PETIT TEXTE *regagne*	neuf pages trois lignes.	12 pag. moins un quart.	une feuille 2 pag. et demie.	une feuille 5 pag. et demie.	1 feuille, 22 p. et un tiers.	3 feuilles 2 p. deux tiers.	4 feuilles 5 pag. et demie.
GAILLARDE *regagne*		deux pages.	douze pag. et 5 sixièmes.	quinze pag. et un sixième.	1 feuille 3 p. 3 septième.	2 feuilles et 2 tiers de page.	deux feuilles vingt pages.
PETIT-ROMAIN *regagne*			dix pages.	douze pages.	1 f. moins une demi-p.	1 feuille 18 p. et un tiers.	2 f. 11 p. et un peu plus.
PHILOSOPHIE *regagne*				1 page et $\frac{1}{4}$ un peu plus.	dix p. moins un tiers.	une feuille.	1 f. 11 p. 2 cinquièmes.
CICERO *regagne*					sept pages et demie.	vingt pages.	une feuille 7 p. et demie.
St.-AUGUSTIN *regagne*						dix pages.	dix-neuf pages.
GROS-ROMAIN *regagne*							six pages et demie.

Table pour trouver ce qu'un caractère supérieur chasse de plus sur un caractère inférieur.

La feuille in-12 de	Sur le gros romain.	Sur le Saint-Augustin.	Sur le Cicero.	Sur la Philosophie.	Sur le Petit-Romain.	Sur la Gaillarde.	Sur le Petit-Texte.
P.-PARANGON *chasse*	six pages et demie.	dix-neuf pages.	une feuille 7 p. et demie.	1 feuille 11 p. 2 cinquièmes.	2 f. 11 p. et un peu plus.	2 feuilles vingt pages.	4 feuilles 5 p. et demie.
GROS-ROMAIN *chasse*		dix pages.	vingt pages.	une feuille.	une f. 18 p. et un tiers.	2 feuilles et 2 tiers de p.	3 feuilles 2 p. 2 tiers.
St.-AUGUSTIN *chasse*			sept pages et demie.	dix p. moins un tiers.	1 f. moins une demi-page.	1 feuille 3 p. 3 septièmes.	1 feuille 22 p. et un tiers.
CICERO *chasse*				1 page et $\frac{1}{2}$ un peu plus.	douze pages.	15 pages et 1 sixième.	une feuille 5 p. et demie.
PHILOSOPHIE *chasse*					dix pages.	12 pages et 5 sixièmes.	une feuille 2 p. et demie.
PETIT-ROMAIN *chasse*						deux pages.	12 p. moins un quart.
GAILLARDE *chasse*							9 pages 3 lignes.

Signes peu en usage et qu'il est nécessaire de connaître.

Figures des quatre phases de la lune.

● Nouvelle lune. ☉ Pleine lune.
☽ Premier quartier. ☾ Dernier quartier.

Noms et figures des douze signes du Zodiaque.

♈ le Belier. ♎ la Balance.
♉ le Taureau. ♏ le Scorpion.
♊ les Gemeaux. ♐ le Sagittaire.
♋ l'Écrevisse. ♑ le Capricorne.
♌ le Lion. ♒ le Verseau d'eau.
♍ la Vierge. ♓ les Poissons.

Noms et figures des Planettes.

☿ Mercure. ⚳ Cerès ou Piazzi.
♀ Vénus. ♃ Jupiter.
🜨 la Terre. ♄ Saturne.
♂ Mars. ♅ Herschel ou Uranus.

Figures des aspects.

♂ Conjonction , ou situation des planettes dans le même lieu du zodiaque en longitude.

✳ Sextile , ou distance de la sixième partie du zodiaque ou de 2 signes.

□ Quadrat , ou distance de la quatrième partie du zodiaque ou de 3 signes.

△ Trine , ou distance de la troisième partie du zodiaque ou de 4 signes.

☍ Opposition , ou distance de la moitié du zodiaque ou de 6 signes.

Signes d'usage dans les mathématiques pour l'algèbre.

+ Cette marque signifie *plus*. A+B , c'est A *plus* B.

— Celle-ci signifie *moins*. A — B , c'est A *moins* B.

= C'est la marque de l'*égalité*. C=D , signifie que C est égal à D.

× Cette marque signifie *par* , pour dire A multiplié *par* B , on écrit A × B.

√ Ceci est appelé racine ou signe radical.

± Cette marque signifie *plus moins*.

< Celle-ci *plus que*.

∷ Celle-ci signifie *comme*.
∶ Celle-ci signifie *est à*.
′ Minute.
″ Seconde.

Chiffres barrés pour les ouvrages de mathématiques.

1̸ , 2̸ , 3̸ , 4̸ , 5̸ , 6̸ , 7̸ , 8̸ , 9̸ , 0̸ .

Signes dont on se sert dans la pharmacie pour exprimer les poids.

℞ Cette marque signifie *Recette*; elle se trouve au commencement de chaque formule de pharmacie.
℔ Livre de médecine.
℔ß Demi-livre.
℥ Once.
℥ß Demi-once.
ʒ Gros ou dragme, huitième partie d'une once.
ʒß Demi-dragme ou demi-gros.
Ɔ Scrupule ou troisième partie d'une dragme.
Ɔß Demi-scrupule.
g̃ Grain. On l'exprime aussi par gr.
āā De chaque.

Autres signes d'usage.

☞ Main. ¶ Pied de mouche. § Paragraphe. † Croix, * Etoile. [Crochet. ℣ Verset. ℟ Répons.

Lettres dont on se sert dans la prosodie.

Longues, ā, ē, ī, ō, ū.
Brèves, ă, ĕ, ĭ, ŏ, ŭ.
Douteuses, ă̄, ĕ̄, ĭ̄, ŏ̄, ŭ̄.

Finales numéraires.

Livres, ſ sous, λ Deniers.

Fractions.

$$\frac{1}{1} \quad \frac{1}{2} \quad \frac{1}{3} \quad \frac{1}{4} \quad \frac{1}{5} \quad \frac{1}{7} \quad \frac{1}{8} \quad \frac{1}{9} \quad \frac{1}{18} \quad \frac{1}{20} \quad \frac{1}{100}$$

Il est inutile d'expliquer davantage l'usage de tous ces signes. Chaque auteur les indique dans sa copie ; le compositeur n'a qu'à suivre son modèle.

Du défaut de ceux qui couchent la lettre dans le composteur et dans la gallée.

L'on voit souvent dans les pages d'une impression, des lettres qui ne sont imprimées qu'à moitié; et cela provient ordinairement de ce que les compositeurs sont sujets à coucher la lettre dans leur *composteur*, et de ce qu'ils transportent leurs lignes dans la *gallée*, sans avoir soin de les redresser : ce défaut provient quelquefois aussi de ce que leur *composteur* n'est pas bien à l'équerre, ou que la lettre est plus épaisse par le pied que par la tête. Quoi qu'il en soit, quand cela arrive, ils doivent, redresser les lettres à chaque ligne qu'ils composent, avant que de la transporter dans la *gallée*.

Pour cela, un compositeur doit s'accoutumer de presser un peu sa lettre par le pied, contre la branche du *composteur*, avec le pouce de la main gauche, à mesure qu'il la porte dans le *composteur*; de même, à chaque ligne qu'il met dans la *gallée*, il doit la presser par le pied avec la reglette, ou avec le doigt du milieu de la main droite s'il ne s'en sert point : en observant bien cette pratique, il ne se peut que la page ne se trouve droite; cependant il ne doit pas tant serrer sa lettre avec le pouce en composant, qu'il empeche les espaces de s'abaisser; car il est désagréable de les voir presqu'à la hauteur de la lettre.

Il y en a d'autres qui, quoiqu'ils aient le soin de bien redresser la lettre dans le *composteur*, ne laissent pas de la coucher dans la *gallée*; et cela provient quelquefois de ce que les *tringles*, autrement dit les *bords* de la *gallée* sont hors de leur équerre, soit par la faute du menuisier, qui aurait fait lesdits *bords* en glacis, soit parce que le bois est dejetté par la chaleur. En pareil cas, il la faut faire racommoder ou ne plus s'en servir; car quand ce défaut arrive à une *gallée*, il est presque impossible qu'on ne couche toutes les pages qu'on compose dessus.

Des Signatures Réclames et Titres courans d'un livre.

Les *signatures* de chaque feuille, que l'on dénote par des lettres alphabétiques ou avec des chiffres, sont pour servir de guide aux relieurs.

Pour règle générale, on doit mettre à toutes sortes d'impositions *des signatures aux pages impaires*, jusqu'à celle qui fait le milieu du cahier : c'est ce qu'on trouvera plus facilement à toutes les impositions ci après. Aux in-4°. et in-8°, on peut n'en mettre qu'à la première page.

Quand un livre contient plusieurs volumes, on doit observer de mettre à chaque *première page* de chaque feuille, où est la *signature* seule, *Tome I, Tom II*, etc., afin que les relieurs ne mêlent point une partie d'un volume avec celle d'un autre. On doit mettre *Tome I, Tome II*, etc. , presque au commencement de la ligne où est la *signature*.

Les réclames (c'est le premier mot de la feuille ou cahier qui suit) se mettent au bas de la dernière page de chaque feuille ou cahier.

On fait des titres courans en capitales ou en petites capitales, suivant la grosseur du caractère que l'on emploie pour le texte d'un livre.

Les chiffres du nombre pair doivent être au commencement de la ligne , et ceux impairs à la fin.

Des lignes courtes au commencement d'une page.

Lorsqu'une *ligne courte* arrive au commencement d'une page, il faut la placer au bas de la précédente ; car il vaut mieux qu'une page soit d'une ligne plus longue, que de voir un bout de ligne au commencement d'une autre ; et si à la page à laquelle on reporte cette *ligne courte*, il fallait une *signature* ou une *réclame*, on pourrait mettre l'une ou l'autre dans ladite *ligne courte*, pourvu qu'il y eût une distance raisonnable de l'un à l'autre ; autrement il faudrait absolument remanier plusieurs pages pour faire entrer cette ligne. Un ouvrage soigné ne doit avoir ni page longue ni page courte. Si cependant l'on était forcé d'en faire , il faudrait le *recto* et le *verso* de la même longueur.

De l'usage des lettres de deux points.

On appelle ainsi les lettres dont on se sert pour commencer un ouvrage : on s'en sert aussi à la première ligne d'un chapitre, d'un article , d'une section , etc. Il est nécessaire d'observer que le mot auquel on emploie cette lettre doit être en petites capitales du caractère servant au texte.

Des Sommaires.

On fait les *sommaires* de caractères italiques ; la première ligne doit être de toute la longueur de la justification de la page , et il faut laisser du blanc de l'épaisseur d'un cadratin au commencement des autres lignes qu'il contient.

Si *un sommaire* ne fait que deux lignes, la seconde doit avoir au moins un demi-cadratin de blanc de chaque côté.

Des notes des pages, et des additions à la marge.

Les *notes* qui se placent au bas des pages, peuvent se faire de romain ou d'italique, pourvu que ce soit d'un caractère plus petit que celui dont on se sert pour la matière du livre ; et lorsqu'il y en a de deux sortes de langues, on doit faire les unes de romain et les autres d'italique.

On distingue ces notes de différentes manières , par des *lettrines*, ou par des *chiffres* lorsqu'elles sont en grand nombre ; et avec des étoiles *, des croix ✝, suivant la volonté de l'auteur.

Quand un ouvrage contient des notes et des additions, on doit placer les additions à la marge, vis-à-vis le renvoi, autant qu'il est possible, et les notes au bas des pages, en distinguant les additions par des signes différens que ceux des notes ; et quand les notes sont d'une grande étendue, on les continue aux pages suivantes, ayant toujours soin de mettre deux lignes de texte avant la suite de la note que l'on sépare avec un filet.

On place les additions en marge des pages, à côté du signe qui les indique. Quand elles ne sont point indiquées par des signes, ce qui arrive souvent, on les met à l'endroit marqué par l'auteur, à côté du texte qui y correspond.

Il faut avoir soin de couper bien juste les reglettes d'additions; il est même plus à propos de les couper un peu plus courtes, que de les laisser si justes, car pour peu qu'elles soient trop longues, la page n'est point serrée comme les autres, et les lignes peuvent faire le cercle.

On doit aussi observer de mettre une ligne de cadrats devant et une après chaque bois d'addition ; sans quoi, les lignes d'une semblable addition se rencontreraient quelquefois de travers, parce qu'assez souvent ces sortes de bois ne sont point dressés à l'équerre par les deux bouts.

Quant aux livres d'histoire, de chronologie, etc., où un auteur place les années au commencement de la marge de chaque page, on doit observer de mettre un reglet (filet) devant la date desdites années ; ce reglet doit être directement vis-à-vis la première ligne après le titre courant du haut des pages.

S'il se rencontre des additions à la marge de semblables ouvrages, on doit toujours les mettre après la date de l'année.

Des additions en hache.

On appelle ainsi les additions qu'on ne peut faire entrer dans la marge de la page où elle doit être placée. Dans ce cas, il faut retrancher de cette page un nombre de lignes de matière, et y substituer l'addition que l'on continue à longues lignes, c'est-à-dire sur une justification de la même largeur que le texte et l'addition.

Quand il se rencontre plusieurs additions dans une page où il y a un nouveau titre, comme un chapitre, article, etc., on doit mettre devant ce titre les *additions* en hache qui ont rapport à la matière qui devance ledit titre ; et les *additions* qui ont rapport à la matière du nouveau titre, se doivent placer au bas de ladite page, supposé qu'elles ne peuvent entrer dans la marge.

Des ouvrages qui sont divisés en chapitres, les chapitres en articles, les articles en section, etc.

Lorsqu'un livre est divisé par plusieurs différens titres, il faut donner à *chaque partie* de la division, la grandeur du caractère qui lui convient; par exemple, si on fait le mot PARTIE de deux points de cicéro, on doit faire celui de CHAPITRE de deux points de petit romain, celui d'ARTICLE de gros romain, et celui de SECTION de Saint-Augustin, etc.

Des Épîtres dédicatoires.

Les *épîtres dédicatoires* se placent immédiatement après la première page du livre; elles se font de caractère, plus gros ou plus petit que celui dont on a fait l'ouvrage.

Le nom de celui à qui on dédie l'ouvrage doit toujours être de capitales; et quand un livre est dédié aux *empereurs, princes ou seigneurs,* on doit faire les mots de *majesté, d'altesse,* de *monseigneur, etc., etc.,* de petites capitales; cela s'observera aussi dans les *édits, déclarations* et *arrêts;* de même que le mot de *nous* dans les *mandemens* des *évêques* ou *archevêques,* et dans les *ordonnances* de quelques *supérieurs.*

On doit faire la fin de ces *épîtres,* qui sont les termes de *votre très-humble et très-obéissant, etc.,* de caractère plus petit, et le *nom propre de l'auteur,* de capitales d'un moindre caractère que celui dont on aura fait le *nom* du personnage, après lequel on doit laisser du blanc à proportion de sa dignité.

Des Préfaces, Avertissement et Éloges.

On doit faire les *préfaces* et *avertissemens* d'un caractère différent que celui des *épîtres dédicatoires,* et jamais du même corps que celui dont on aura composé le livre; et si on était contraint de gagner quelques pages pour avoir sa forme complette, il vaudrait mieux, dans ce cas, les faire d'un moindre caractère, pour le distinguer de celui de la matière du livre.

Ces sortes de pièces se placent toujours immédiatement après les *épîtres dédicatoires.*

La première page d'une *préface,* de même que celle d'une *épître dédicatoire,* doivent commencer par une page impaire. On met ordinairement les folios en chiffres romains.

De la construction des tables d'un livre.

Les *tables* d'un livre se peuvent faire d'un caractère de romain, mais ordinairement elles se font d'italique, et de plus petit caractère que celui de l'ouvrage; et lorsqu'il y a deux sortes de *tables,* l'une des *chapitres, sections* ou *articles, etc.;* et l'autre de la *matière,* on doit faire celle des *matières* de romain, et l'autre d'italique.

Des Capitales.

On se sert des capitales pour les noms d'hommes, de villes, de rivières, etc. *Exemple :* Pierre, Michel, Paris, Lyon, la Seine, le Rhône. On s'en sert aussi au commencement d'une phrase, et à chaque alinéa.

Des errata.

Quant aux fautes qui sont survenues dans l'impression, on les peut aussi placer en deux endroits différens : savoir, immédiatement devant le commencement du corps de l'ouvrage, ou bien à la fin du livre ; et elles font la clôture de tout le livre.

On les doit faire de petit caractère romain par colonnes ; et cette méthode est plus agréable que de les faire différemment, ou entre-mêlées les unes avec les autres.

De la disposition des ouvrages en vers.

Si un compositeur n'a aucune connaissance de la poésie, il faut du moins qu'il sache combien il y a de différentes sortes de vers, afin qu'il puisse distinguer dans un ouvrage les uns d'avec les autres. Pour cet effet, nous dirons qu'il y a cinq sortes de vers dans la poésie, de chaque sorte desquels nous donnerons un exemple en deux vers, en commençant par ceux de douze syllabes, qu'on appelle *Alexandrins*, ou *grands vers*.

Exemple des vers de douze syllabes.

Mon erreur me déplaît, et je ne me plains pas
Qu'au bord du précipice on n'arrête mes pas.

Exemple des vers de dix syllabes.

Déesse des sciences, enfle mon courage,
Pour ton honneur j'entreprends cet ouvrage.

Exemple des vers de huit syllabes.

Grand Dieu, dont la puissante main,
Forma de rien le genre humain.

Exemple des vers de sept syllabes.

Triomphez, Reine des cieux,
Pour un choix si glorieux.

Exemple des vers de six syllabes.

Sans le suprême bien,
Tout le reste n'est rien

Pour la composition des vers, un compositeur doit toujours prendre sa justification un peu plus grande qu'il ne la faut pour les plus grands vers , afin qu'ils puissent entrer en une ligne ; car les vers qu'on appelle *féminins*, ou de rime féminine ont toujours une syllabe plus que ceux qu'on appelle *masculins*, quoiqu'ils ne fassent que le même nombre de pieds : si malgré la précaution qu'on aurait prise, ils ne pouvaient entrer en une seule ligne , il faudrait porter le reste dans la ligne suivante , en observant de mettre la moitié d'un cadrat de note au commencement , afin de la distinguer des autres par cet enfoncement : on doit avoir soin d'enfoncer chaque première ligne d'une nouvelle stance ou couplet, d'un cadratin, excepté la première de toutes , lorsqu'elle commence par une lettre de deux points.

Quand il se rencontre des vers de différentes espèces dans un même ouvrage , comme dans les *odes*, *poèmes* , *comédies*, *satires*, *sonnets*, *etc.*, on doit renfoncer les plus courts d'un cadrat toujours égal, savoir ceux de six syllabes, plus que ne seront ceux de sept , et ainsi des autres à proportion , comme on le peut voir dans les stances et épitaphes qu'on a insérées ici à dessein de faire voir l'arrangement de semblables pièces.

Il faut aussi remarquer que dans les *poèmes* ou autres ouvrages en vers , où deux rimes masculines succèdent à deux féminines , et alternativement deux féminines à deux masculines, les lignes des pages doivent toujours être de nombre pair , afin que chaque page finisse toujours par deux rimes masculines , ou par deux féminines.

Lorsqu'un auteur rapporte quelque *sonnet* , *épigramme* , *épitaphe* ou autres semblables pièces de poésie dans un ouvrage en prose, on doit faire ces sortes de pièces de plus petit caractère , et les poser à peu près dans le milieu de la page , afin de les distinguer de la prose. C'est ce qu'on peut voir dans la disposition de ceux que nous avons rapportés ici pour servir de modèle.

Exemple des vers, dont les premier et dernier sont de huit syllabes , et les second et troisième de douze syllabes.

DACIER , toi qu'il semble qu'Horace,
Ait instruit de son sens, par le temps obcurci,
Juge si je conserve et la force et la grace ,
Des traits que je t'en offre ici.

Autre, dont le premier et le troisième sont longs, et les deuxième et quatrième sont courts.

La Mort a des rigueurs à nulle autre pareilles ,
On a beau la prier ;
La cruelle qu'elle est, se bouche les oreilles ,
Et nous laisse crier.

Autre stance de six vers, dont le troisième est renfoncé, à cause qu'il n'est que de huit syllabes et que les autres sont de douze.

Seigneur, de qui je tiens la couronne et la vie,
L'une et l'autre sans toi par un fils inhumain,
Me va bientôt être ravie :
Viens donc à mon secours, prends ma défense en main,
Entends mes tristes cris, vois ma peine excessive ;
Et prête à ma prière une oreille attentive.

Autre stance de six vers, dont le troisième et le dernier sont courts.

Dieu, qui du haut des Cieux, connais ce que je souffre,
Qui vois que je suis près de tomber dans un gouffre,
De honte et de malheurs ;
Entends les tristes cris que m'arrache la crainte ;
Et ne rejette pas une amoureuse plainte,
Qu'accompagnent mes pleurs.

Autre stance de cinq vers, dont le premier et le troisième sont longs, et les autres courts.

Quand Israël sortit du rigoureux servage
Des barbares Egyptiens ;
Le Monarque des cieux, en brisant ses liens,
Le choisit pour héritage,
Et le combla de mille biens.

Autre stance de sept vers, dont les troisième, sixième et septième sont courts.

Si pour l'intérêt seul de tes contentemens,
Tu veux choisir les lieux et les événemens
Que tu penses devoir te plaire ;
Tu ne te verras point dans un entier repos,
Et les mêmes soucis, dont tu te crois défaire,
Sur ton bonheur imaginaire,
Reviendront fondre à tout propos.

Autre stance de huit vers, dont les deux premiers doivent être renfoncés d'un cadrat de note, et dont les cinquième et sixième ne doivent point tant être renfoncés que les deux premiers.

La patience est délicate
Qui ne veut souffrir qu'à son choix,
Qui borne ses malheurs, et jusques-là se flatte,
Qu'elle en prétend régler et le nombre et le poids,
La véritable est d'une autre nature,
Et quelques maux qui se puissent offrir,
Elle ne leur prescrit ordre, temps, ni mesure,
Et n'a d'yeux que pour moi, quand il lui faut souffrir.

On rapporte ici une pièce de poésie qu'on appelle *sonnet*, fait au sujet du sacrifice de la croix, dont tous les vers sont égaux, pour montrer qu'à ces sortes de vers, il n'y a qu'à renfoncer la première ligne de chaque *stance* d'un cadratin, et qu'on peut même séparer chaque *stance* d'une ligne de cadrats du même corps.

SONNET.

Vous qui pour expier nos ingrates malices,
Immolez au Seigneur des agneaux innocens,
Et qui sur les autels faites fumer l'encens,
Prêtres de l'Eternel, quittez ces saints offices.

Venez voir votre Dieu dans de honteux supplices,
Qui pousse vers le ciel d'adorables accents
Et par un sacrifice au-dessus de nos sens,
Met une heureuse fin à tous les sacrifices.

Célébrez, ô pêcheur, en ce merveilleux jour,
L'excès de ses bontés, l'ardeur de son amour,
Connaissez, en ses maux, la grandeur de vos crimes.

Mais la croix, où Jésus meurt pour votre péché,
Au lieu de vos discours, vous veut pour ses victimes;
Et l'art de le louer, c'est d'y vivre attaché.

Lorsqu'il arrive qu'un auteur laisse quelques mots d'un vers en blanc, on doit mettre un filet, ou cinq à six points en leur place, comme il se voit dans les vers suivans : on doit observer la même chose dans la prose.

Ci gît, qui n'eut jamais d'égal,
Puisque dans le cours de sa vie,
Il fut sergent ———— natif de Normandie,
Et qui ne fit jamais de mal.

On doit observer aux vers latins les mêmes choses qu'aux vers français. Il y en a qui aux *hymnes* renfoncent toutes les lignes d'un cadratin, à l'exception de la première de chaque *verset*, et d'autres qui font tout le contraire, c'est-à-dire qu'ils renfoncent seulement la première ligne de chaque *verset* d'un cadratin ; cette dernière méthode est la meilleure, principalement lorsque les vers desdits *hymnes* sont fort courts.

Pour quelque ouvrage de poésie que ce puisse être, on doit toujours observer d'enfoncer régulièrement les vers qui seront plus courts que les autres, comme on l'a pu voir dans les exemples que je viens de rapporter; et s'il arrive quelque chose d'extraordinaire sur quoi on aurait quelque doute, on pourrait s'expliquer avec l'auteur.

De la distribution collée.

Quand il y a des formes qui ont été lavées depuis long-temps, et qu'on a de la peine à séparer les lettres l'une de l'autre, principalement si elles ont été imprimées en rouge et en noir (c'est ce qu'on ne doit jamais faire, vu que le rouge de lui-même colle la lettre d'une telle force, qu'au bout de 12 à 15 jours il est impossible de la distribuer sans beaucoup de peine) le véritable secret pour les séparer, est de jeter de l'eau bouillante dessus, et de les laisser tremper l'espace d'une demi-heure; si cela ne suffit point, on fera chauffer de l'eau une seconde fois et on la jettera encore dessus lesdites formes, et pour lors la lettre se séparera fort facilement.

Si en distribuant, on s'apperçoit que la lettre ne glisse point entre les doigts, comme il arrive à la distribution d'un vieux caractère, lequel est ordinairement rempli de crasse, on doit tremper un peu d'*alun de roche* dans de l'eau tiède, et s'en servir pour mouiller les pages d'un semblable caractère.

Si, au contraire, la lettre est neuve, on doit tremper *du savon* dans de l'eau tiède, et en mouiller aussi les pages; par ce moyen, la lettre glissera facilement, et n'écorchera point les doigts comme elle fait ordinairement lorsqu'elle est neuve. Ces choses, quoique petites d'elles-mêmes, ne laissent point d'être fort utiles.

En finissant cet article, nous dirons qu'il est plus avantageux de distribuer le soir, afin que la lettre ait le temps de sécher pendant la nuit; car outre qu'il est très-incommode de travailler avec un caractère mouillé, cela retarde aussi beaucoup un compositeur.

De la situation des casses de nos caractères vulgaires.

La situation de nos caractères n'est point toujours la même dans toutes les imprimeries, les compositeurs y font des changemens, chacun selon leur idée, principalement dans la casse supérieure; cependant, il serait à souhaiter pour l'avantage de tous, qu'elle fût par tout semblable; par ce moyen on s'éviterait la peine d'un nouveau travail, lorsqu'on change d'imprimerie. Le dessin joint ci-contre, qui nous paraît d'une disposition assez aisée, est suivi dans beaucoup d'imprimeries.

ALPHABET GREC.

La Langue Grecque a vingt-quatre Lettres, dont voici

La Figure,	le Nom,		& la Valeur.
1 A α	Ἄλφα	Alpha	a.
2 B β Ϲ	βῆτα	Bêta	b.
3 Γ γ Γ	γάμμα	Gamma	g.
4 Δ δ ᴆ	δέλτα	Delta	d.
5 E e	ἔψλον	Epſilon	e *bref.*
6 Z ζ ζ	ζῆτα	Zêta	z ds.
7 H η	ῆτα	Êta	e *long.*
8 Θ ϑ θ	θῆτα	Thêta	th.
9 I ι	ἰῶτα	Iota	i *voyelle.*
10 K κ	κάππα	Cappa	k, c, qu.
11 Λ λ	λάμϐδα	Lambda	l.
12 M μ	μῦ	Mu	m.
13 N ν	νῦ	Nu	n.
14 Ξ ξ	ξῖ	Xi	x.
15 O o	ὄμικρὸν	Omicron	o *bref.*
16 Π ϖ π	ϖῖ	Pi	p.
17 P ρ	ῥῶ	Rho	r.
18 Σ Ϲ σ ς	σῖγμα	Sigma	ſ, s.
19 T τ ⸀	ταῦ	Tau	t.
20 Υ υ	ὑψλὸν	Upſilon	y, *petit* u.
21 Φ φ	φῖ	Phi	ph, f.
22 X χ	χῖ	Chi	ch.
23 Ψ ψ	ψῖ	Pſi	pſ.
24 Ω ω	ὠμέγα	Omega	ô *long.*

CASSE GRECQUE ORDINAIRE SIMPLE

HAUT de CASSE

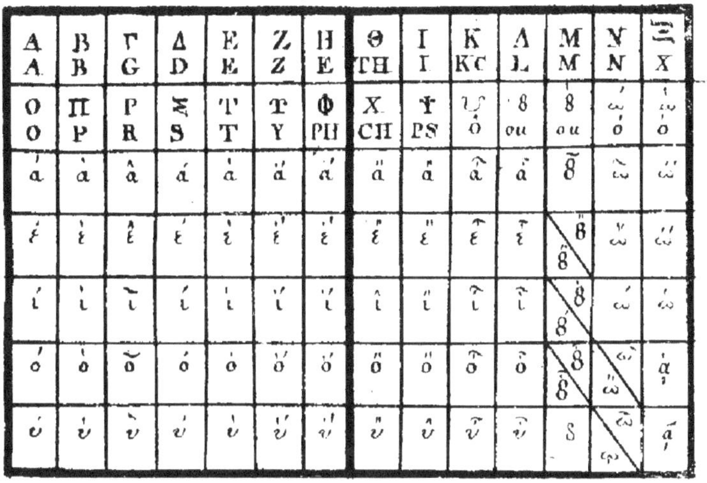

A A	B B	Γ G	Δ D	E E	Z Z	H E	Θ TH	I I	K KC	Λ L	M M	N N	Ξ X
O O	Π P	P R	Σ S	T T	Υ Y	Φ PH	X CH	Ψ PS	ὐ ό	8 ou	8 ou	ώ	ὠ
ά	ὰ	ᾶ	ά	ὰ	ἄ	ἅ	ἄ	ἅ	ἆ	ἀ	8̃	ω	ω
ἔ	ἒ	ἕ	ἔ	ἐ	ἔ	ἔ	ἕ	ἕ	ἕ	ἕ	8 / 8	ω	ω
ί	ὶ	ῖ	ί	ὶ	ΐ	ἴ	ἶ	ἵ	ἷ	ῗ	8 / 8	ω	ω
ό	ὸ	ῶ	ό	ὸ	ὄ	ὄ	ὅ	ὄ	ὄ	ὄ	8 / 8	ω	ά
ύ	ὺ	ῦ	ύ	ὺ	ΰ	ὔ	ὗ	ὖ	ῧ	ῧ	8	ω	ά

BAS de CASSE

accent aigu	accent grave	η	ϙ	'		ή	ὴ	ἤ	ή	ὴ	ῆ	ῆ	ὴ
ς	β	x	ϩ	ϛ	δ	ϛ	ϭ	ϭ	ν	Γ	η / ή	ή
ς ς	λ	μ	ν	ι	o	π	ϖ	ᾶ / ά	φ x	ή	ω
ξ	θ ϩ	υ	τ	ESPACES	a	ρ ρ	ρ́	ς ψ	ω	Cadrats

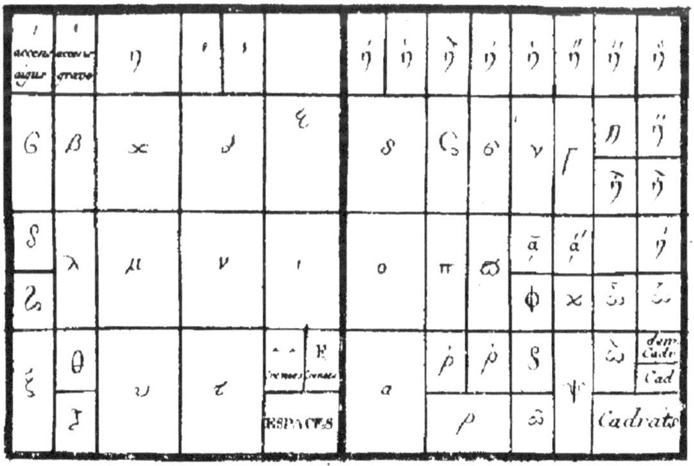

De la manière de faire le Vernis pour la composition de l'Encre d'Imprimerie.

L'ENCRE d'imprimerie est composée de deux choses ; savoir, du vernis, et du noir de fumée. Pour faire ce vernis, il faut prendre un pot de fer ou de cuivre ; il y en a qui en font faire exprès, large par le bas et étroit par le haut, avec des anses à côté, pour y passer un bâton à travers afin de le transporter d'un lieu à l'autre. Le couvercle de ce pot doit être bien juste, afin d'étouffer le feu lorsqu'il prend à l'huile qui est dedans.

On doit remplir ledit pot, un peu plus d'à moitié d'huile ; car si on en mettait davantage, il serait à craindre qu'elle ne versât dans le feu, parce que l'huile s'élève toujours à mesure qu'elle s'échauffe ; c'est à quoi il faut faire attention, de crainte qu'il n'arrive quelque accident, comme nous le dirons ci-après.

Il n'y a que deux sortes d'huiles qui soient propres à faire le vernis ; savoir, l'huile de lin, et celle de noix ; quant aux autres, elles ne valent rien, attendu qu'elles sont trop grasses ; ce qui fait que l'impression macule, quand on vient à la battre, et jaunit à mesure qu'elle vieillit ; cependant on se servait autrefois de l'huile de navette et de chanvre, mais c'était dans des imprimeries où on ne fesait que des Almanachs et d'autres semblables brochures, dont on ne se souciait point que l'impression fût belle, pour la donner à bas prix.

Ayant ainsi rempli le pot de la quantité d'huile que nous venons de dire, on y fait du feu clair, de même que dessous un pot, dans lequel on fait la soupe ; jusqu'à ce que l'huile soit bien échauffée, et que le feu soit en état d'y prendre ; c'est-à-dire, pendant deux heures, où environ.

Dans le commencement on y jette une croûte de pain, afin de dégraisser l'huile, laquelle on ne doit ôter qu'après qu'elle est convertie en charbon ; et sitôt qu'elle est ôtée, on doit faire cuire l'huile à petit feu encore l'espace de trois heures ou environ, après lequel temps, pour savoir si l'huile est assez cuite, on trempe une cuiller de fer dans l'huile, et on en laisse tomber quelques gouttes sur une ardoise ou tuile ; et sitôt que ces gouttes sont refroidies, on touche cette huile avec les doigts ; si elle est gluante et qu'elle tire à peu près comme de la faible glu, ou comme si c'était de petits filandres qui s'allongent à mesure qu'on ouvre les doigts, c'est une marque évidente qu'elle est assez cuite, et qu'elle change son nom d'huile en celui de vernis : si elle ne fait point cet effet, on la doit laisser sur le feu, jusqu'à ce qu'on voie les signes susdits.

Le vernis étant ainsi fait, on le laisse refroidir dans le même

2

pot, jusqu'au lendemain ; ensuite on le verse dans quelqu'autre vaisseau, pour en prendre lorsqu'on veut faire de l'encre.

Comme il pourrait arriver que le vernis serait trop fort pour faire l'encre en hiver, on doit par précaution, en tirer un pot, plus ou moins, selon le besoin, une heure après qu'on aura tiré la croûte de pain, afin de pouvoir affaiblir celui qui serait trop fort ; et on se sert aussi de celui-ci pour imprimer les images en taille-douce.

On doit cependant remarquer que cette huile qu'on tire doit être passablement cuite ; car si elle ne l'était point, elle jaunirait l'impression, la rendrait pâteuse, et la ferait baucoup décharger à la retiration ; c'est ce dont on s'appercevra, en cas que les balles ne tirent point ; et à quoi il faut faire attention.

Comme il peut arriver que le feu pourrait prendre dans le pot où est l'huile, principalement lorsqu'elle commence à se convertir en vernis, il faut prendre les précautions suivantes.

Sitôt qu'on aura mis le feu dessous le pot où est l'huile, on doit prendre des emballures qui sont ordinairement de grosse toile, et les tremper dans l'eau ; ensuite les plier en quatre ou cinq doubles, les bien tordre, et les laisser égoutter, afin que quand on voudra s'en servir, il ne tombe point d'eau dans l'huile ; car cela serait capable de la faire élever, et en danger de ne pouvoir éteindre le feu qui serait dans l'huile.

On doit avoir un bâton tout prêt pour transporter le pot, en cas que le feu vienne à y prendre, afin de ne point chercher après les choses nécessaires quand cela arrive, de crainte que le feu ne vint à augmenter si fort qu'on ne sût plus comment l'éteindre.

Quand on voit que l'huile s'échauffe beaucoup. et qu'elle veut sortir hors du pot, ou que le feu est dedans, on doit incontinent couvrir le pot de son couvercle, passer le bâton à travers les anses, et le transporter dans la cour ; et si c'est dans un jardin qu'on fait bouillir cette huile, on le transportera un peu éloigné du feu, en observant de le porter de manière que la flamme qui sortirait par quelque fente du couvercle, n'incommode aucun de ceux qui le portent. On doit le poser tout doucement à terre de crainte de le renverser.

Lorsqu'on aura ainsi posé le pot par terre dans une place bien unie, on doit ôter le couvercle avec un bâton, de crainte de se brûler par la flamme, et laisser brûler hardiment l'huile ; mais si elle voulait sortir hors du pot, on doit de suite remettre le couvercle dessus ; si cela ne suffit point pour l'éteindre, on peut jetter les emballures dessus, de manière qu'il ne puisse point y avoir d'air, et le laisser ainsi jusqu'à ce qu'on voie sortir une fumée noire et épaisse à l'entour du pot ; ce qui se fait en moins d'un demi-quart d'heure de temps ; et par cette précaution on n'est point en risque de se brûler, ni contraint de renverser le pot, comme il est arrivé à plusieurs personnes, faute de prévoyance.

Il y a des imprimeurs qui soutiennent qu'il est nécessaire de mettre de la térébenthine dans l'huile, disant qu'elle rend l'encre plus forte, qu'elle empêche que l'impression décharge, et qu'elle sèche plutôt; tout cela est incontestable, mais ils ne prévoient point les accidens qu'elle peut causer; c'est ce que nous allons faire voir.

1° Quand on ne fait point cuire cette térébenthine précisement comme elle doit l'être, pour la mêler avec l'huile, elle rend le vernis si fort et si épais, qu'il déchire les feuilles de papier sur la lettre de la forme; de sorte qu'elle est remplie en fort peu de temps.

2° Quand même la térébenthine serait cuite comme il faut, il suffit de dire que c'est une matière semblable à une pâte fort liquide et qui est remplie comme des petits grains de sable, qui ne se démêlent presque jamais avec le vernis, et restent au fonds du pot; de sorte que quand on vient à se servir de ce vernis, on ne doit point être étonné si tous ces petits grains remplissent quantité de lettres de la forme.

La térébenthine se cuit séparément dans un pot, lequel on doit absolument faire bouillir dans une cour, parce que le feu s'y prend trop facilement, et qu'il est trop difficile à éteindre. Quand cette térébenthine aura été sur le feu l'espace de deux heures ou environ, on trempe un morceau de papier dedans, et si elle se brise net comme la poussière, sans qu'il ne reste rien attaché dessus, en frottant ce papier sitôt qu'il sera sec, c'est une preuve que la térébenthine est assez cuite. Alors on éloigne du feu le pot où est le vernis, pour mettre la térébenthine dedans. Ce mélange se fait en remuant le vernis avec la cuiller de fer, ensuite on remet ce vernis sur le feu l'espace d'un quart d'heure, en remuant dans le pot avec la cuiller, de temps en temps, afin que le vernis se mélange bien avec la térébenthine.

Ceux qui ne voudront point se servir de térébenthine, pour les raisons que nous venons de donner, pourront prendre leur provision d'huile d'une année à l'autre; car plus elle est vieille, plutôt elle est cuite, et par cette précaution le vernis n'est point sujet à maculer l'impression.

De la manière de faire le Noir de fumée, et de son mélange avec le Vernis, pour faire l'Encre d'imprimerie.

Le noir de fumée est la fumée de la poix résine brûlée qu'on ramasse dans une petite chambre bien fermée et tapissée de peau de moutons à l'entour, d'où après on le fait sortir en les se-

couant ; mais comme il est dangereux de mettre le feu à la maison , il est plus à propos de faire ce noir dans une tente, un peu
éloignée de la maison , dessous un toît de tuiles.

Ceux qui font continuellement le noir de fumée appellent
cette tente *le sac-à-noir*, lequel est construit de quatre petits
soliveaux de trois ou quatre pouces en carré et de sept à huit
pieds de haut, soutenus par deux travers de bois à chaque côté,
savoir un en haut et un en bas, tout de même que si c'était un
bois de lit, avec une petite porte pour y entrer en se courbant
un peu.

On peut faire *ce sac-à-noir* aussi grand que l'on veut, le dessus de ce *sac* est un plancher, qui doit être bien joint ; il y
en a qui font un plancher dessous : mais de crainte que le feu y
prenne par quelqu'étincelle, il est plus convenable de le paver
avec des carreaux de poterie bien unis : ensuite on attache à
l'entour de ces quatre soliveaux de la toile, qu'on étend le plus
fort qu'il est possible, avec de petits clous de deux pouces de
distance l'un de l'autre, en observant de bien boucher toutes les
fentes de tout côté ; cela fait, on colle des feuilles de papier fort,
dessus toute la toile, de même que sur les jointures du plancher,
et à l'entour des bordures d'en bas ; afin que la fumée ne sorte
point par aucun endroit, attendu que c'est de la fumée que se
fait le noir.

Ce *sac-à-noir* étant ainsi accommodé, on prend un pot de
fer, à proportion de la grandeur du *sac*, de crainte d'y mettre
le feu ; lequel pot on remplit de poix résine, à un bon pouce près ;
laquelle poix résine on casse auparavant par morceaux de la
grosseur d'un bon pouce environ.

Ayant ainsi rempli ce pot de poix résine on le pose au milieu
du *sac-à-noir*, et on y met le feu avec du papier ; et lorsque la
poix résine est bien allumée, on ferme la porte, laquelle doit
être bien jointe, et crainte qu'il y passât de la fumée par les jointures, on doit avoir soin de les bien boucher, soit avec du papier, soit avec du linge.

Quand cette poix résine sera entièrement consommée, et que
toute la fumée sera attachée au *sac-à-noir* (ce qu'on pourra
connaître lorsque ledit *sac* sera entièrement froid) il faut frapper
dessus le plancher du *sac* et tout à l'entour de la toile, afin de
faire tomber tout le noir qui y est attaché.

Lorsque tout le noir sera tombé sur le pavé, ce qui se fait en
moins d'un demi-quart d'heure de temps, on peut ouvrir la
porte, et ramasser ledit noir avec un petit balai pour le mettre
dans quelque vaisseau ; ensuite on remet de la poix résine dans le
pot, laquelle on fait brûler comme nous venons de dire.

On peut cependant faire brûler de la poix résine aussi long-
temps que l'on veut, sans qu'il soit nécessaire de faire tomber

le noir sur le pavé , à chaque fois que l'on voudra mettre de la nouvelle poix résine dans le pot.

On doit toujours avoir la précaution de couvrir le pot auparavant de battre le *sac* , pour empêcher que le noir ne tombe dedans.

Quelquefois il arrive qu'en ramassant le noir du pavé avec le balai , il s'y rencontre de la poussière , graviers , ou quelqu'autre chose , contraire audit noir ; dans ce cas , il faudrait mettre ce noir dans un vaisseau où il y ait de l'eau ; par ce moyen , toutes les ordures , s'en iront au fond , et le noir restera dessus l'eau. Voilà de quelle manière on fait le noir de fumée , à l'usage de l'imprimerie.

Du mélange du Noir avec le Vernis pour faire l'Encre.

Pour faire le mélange du noir de fumée avec le vernis , il faut verser le vernis dans un petit vaisseau , dans lequel on met du noir de fumée ; car tout autre noir ne vaut rien pour l'impression, et le plus léger est le meilleur ; plus on met de noir , plus l'encre est épaisse , c'est pourquoi il n'en faut mettre qu'autant qu'il est besoin : ensuite on broie le tout ensemble extrêmement fort, avec un bâton fait exprès , afin que le noir se mêle bien par-tout avec le vernis , jusqu'à ce qu'il soit réduit comme de la bouillie épaisse qu'on ôte du feu ; et toutes les fois qu'on voudra prendre de cette encre pour la mettre dessus l'encrier de la presse, on la doit encore bien broyer avant de s'en servir.

On doit observer de bien nétoyer l'encrier avant de mettre son encre dessus , parce qu'il s'y amasse ordinairement une quantité d'ordures , comme du crin , de la laine, et autres semblables choses.

Quand on veut faire son encre sur l'encrier de la presse à mesure qu'on en a besoin , on met ordinairement cinq onces de noir de fumée contre deux livres de vernis poids de seize onces ; mais comme cela n'est pas toujours si précis , attendu qu'un noir se trouve quelquefois plus pesant que l'autre , ou que le vernis est plus ou moins épais : ainsi pour une plus grande certitude , on doit avoir deux différentes mesures , l'une pour le vernis et l'autre pour le noir, lesquelles on gardera expressément lorsqu'on aura remarqué ce qui sera nécessaire pour la quantité de l'un et de l'autre , pour que l'encre soit toujours d'une même épaisseur et d'un noir égal.

Ainsi , ayant mis sur son encrier la quantité de noir qu'il faudra pour le contenu de la mesure du vernis , on le doit broyer de la manière que nous venons de dire. C'est ainsi qu'on doit mêler le noir de fumée avec le vernis , pour avoir une encre toujours également noire.

De l'Encre rouge.

Pour faire l'Encre rouge, on se sert du même vernis que pour la noire, excepté qu'il ne doit point être si fort, et au lieu de noir on y met du *cinabre*, autrement dit du *vermillon*, lequel doit être bien broyé au sec sur un marbre (cela s'entend lorsqu'il est en pierre) et que l'on broie ensuite sur un encrier pour cet usage, de la même manière qu'on fait pour le noir.

On peut y ajouter un morceau de colle de poisson de la grosseur d'une noix, que l'on fait tremper l'espace de vingt-quatre heures dans un peu d'eau-de-vie et que l'on mêle bien avec ledit vernis et le rouge ; ce qui rend l'encre fort luisante.

On doit aussi broyer cette encre tous les matins et les après-midi, de même que si on commençait à la faire ; afin que le rouge et cette colle se mêlent bien avec le vernis.

Il se fait ordinairement une croûte sur cette encre, quand on est quelque temps sans s'en servir ; pour empêcher cela, il faut mettre de l'eau dans l'encrier, et le pencher un peu ; afin que l'eau nage par dessus l'encre, et qu'elle ne s'écoule point ; laquelle eau on jette dehors, quand on veut se servir du rouge, et on broie l'encre à l'ordinaire : voilà la meilleure méthode dont on puisse se servir pour faire l'encre rouge.

Pour le noir à l'usage de la taille-douce, le plus pesant est le meilleur ; c'est ce qui est contraire à celui dont on se sert pour l'imprimerie : voici la méthode de le faire.

Il faut de la lie de vin, qui soit bien sèche, et la faire brûler au milieu du feu ; et lorsque cela et réduit en charbon, on l'éteint dans l'eau, et on le broie de même que *le vermillon* ; ensuite on le mêle avec le vernis pour faire son encre ; en observant néanmoins que cette Encre doit être beaucoup plus liquide que celle dont on se sert pour l'impression.

Manière de préparer et de conserver les Cuirs des balles.

Tous les ouvriers connaissent la manière de préparer les cuirs ; ils savent qu'ils doivent être trempés et corroyés, de manière à devenir aussi doux qu'un gant de chamois, et qu'étant ainsi, il faut les frotter contre la vis de la presse, ou avec la ratissure des balles. Mais ce que la plupart ne savent pas, c'est que, pour avoir des cuirs bientôt prêts, soit lorsqu'on a oublié d'en mettre tremper, ou bien quand on est obligé de laisser les balles aux chevilles faute d'ouvrage et que quelque chose de pressé survient, il faut mettre ses cuirs dans un vaisseau d'eau, où il y a moitié lessive ;

mettre au feu cette eau jusqu'à ce qu'elle soit bien chaude ; ensuite la retirer, et laisser tremper les cuirs l'espace d'une demi-heure : ensuite il faut les corroyer.

Les imprimeurs qui ne travaillent pas continuellement, et qui sont obligés de laisser leurs balles roulées pendant plusieurs jours, sont souvent surpris en les déroulant pour les monter, de trouver les cuirs pourris et remplis de petits vers. S'ils veulent éviter cela, et les conserver long-temps, il faut qu'ils aient soin de les mettre tremper dans de l'eau salée, et toutes les fois qu'on démonte les balles, il faut de même les rafraîchir avec une pareille eau, ce moyen empêchera la corruption, et les fera durer quatre fois plus qu'ils ne dureraient sans ce procédé.

Manière de tirer le Parchemin vélin.

Quand l'imprimeur voit que le foulage est bon et sa forme bien nette, il doit penser à tirer son parchemin vélin. Pour cela, il place sa feuille de parchemin entre son papier, jusqu'à ce qu'elle commence à se retirer. S'il l'avait laissée un peu trop, et qu'elle fît des plis, il la prendrait par les deux coins, et l'agiterait pour l'éventer, jusqu'à ce qu'elle se serait allongée. On place alors une feuille bien collée de papier blanc sur la marge qui ne doit point être ramotie ni la feuille non plus, les balles doivent être déchargées, et l'on tire alors sa feuille à deux bras. Dès qu'elle est tirée, on la place dans du papier blanc sec et entre deux ais, jusqu'à la retiration, pour laquelle on observe le même procédé que pour le tirage en blanc.

Manière de faire les Ronds et les Ovales, pour les adresses, tableaux, ornemens, etc.

Depuis quelque temps l'on emploie, pour orner une carte, des ronds ou des ovales de préférence à des vignettes. Souvent l'imprimeur ne peut satisfaire les personnes, parce qu'il n'a point ce qu'on lui demande ; ceux de province sur-tout qui ne sont pas à portée de s'en procurer, se trouvent souvent dans l'embarras : pour y remédier, nous allons les mettre à même de travailler les filets aussi bien que celui qui s'en occupe depuis long-temps.

Ayez un morceau de bois (mandrin), bien tourné et de la grosseur dont vous désirez faire votre rond ; faites chauffer votre filet à la chandelle, ayez bien soin de l'agiter de manière que la flamme ne chauffe pas long-temps le même endroit, ce qui ferait fondre votre filet. Lorsque vous voyez qu'il se courbe, il est temps de lui faire prendre la forme ronde du morceau de bois, cela se fait en posant le bout du filet contre le rond de bois, et le tenant avec un chiffon pour éviter la brûlure ; on tourne en même temps l'autre bout qui s'ajuste directement contre le bois. L'on coupe alors le surplus du filet, et avec un maillet en bois, l'on achève de faire joindre les deux bouts, que l'on peut souder ensuite. Quand ce premier rond est fait et bien arrondi avec le maillet, on peut en faire par-dessus autant qu'on le désire, et l'on en a de toutes les grandeurs sans avoir recours à autant de mandrins. Si, par exemple, l'on veut faire deux ronds pour une même adresse et mettre entre les deux filets des vignettes, voici comment il faut opérer. Quand le rond de l'intérieur est fait, au moyen du même procédé, l'on met autour du rond des inter-lignes ou un filet de la force des vignettes qu'on veut employer, ensuite on fait un rond par-dessus, et l'on en a deux entre lesquels on peut mettre les vignettes que l'on y destine.

L'on se sert du même procédé pour faire des ovales, ou tout autre ornement fait avec des filets. Il faut avoir un morceau de bois de la forme qu'on veut donner aux filets, et observer un degré de chaleur propice au travail. Voilà tout le secret : avec un peu d'intelligence, tous les compositeurs pourront faire ce qui leur sera utile.

MANIÈRE DE CORRIGER LES [ÉPREUVES]

Lettres et mots à changer.

Pour doit { Mots à ajouter / Ligne à ajouter }

Pour don { Mots à suprimer / Ligne à suprimer }

Mots à retourner
Mots à transposer
Mots à separer....
Lignes à transposer
Blanc à suprimer
Lettres à rapprocher
Lettres gâtées
Blanc à ajouter
Mots à redresser...........
Lettres trop hautes
Lettres trop basses
Mots ital. pour des mots rom. ou v. versâ
Lettres à nettoyer
Espaces à abaisser
Correction de ponctuation
l'accent
l'apostrophe
Lettres à retourner
Alinéa à marquer
Blanc à supprimer
Grosse et p. capit.
Lettres d'un autre corps
Addition en marge
Lett. supér. et N.

L'Opéra de Phèdre dégagé de
Longueurs après representation
La musique simple, naturelle, fa
qui n'emploie n'emploie pa
qui n'emploie pas les moyen
moyens violens, sa durée,
pas nos d'abord oreilles un
dures. Il faut du tems pour pe
reuil, son succès est plus certa
cœur, mais quand une fois ell

plus durable, que cet enthousi
passager qu'exerce quelquefoi
musique bruyante.
Le bruit peut faire naître l'ivr
mais quand l'ivresse est passé
laisse aucune trace de plaisi
théâtrale ne fait plus d'effet.

Castigat ridendo mores   Santeu
qu'est devenu charm
Compagnon de mal solitud
Cher moineau, Reviens prompt
Dissiper mon inquiétude....
Ma voix t'appelle... hélas! hélas!
Mon cher Lubin us revient p
tes caresses et ton amour
Soulageoient ma peine
Damon et Lubin tour à tour.
De mes amis jusqu'à ce jour
Mr Jean Dareis. N. 34 Mr et Mr

Lorsqu'une épreuve est beaucoup chargée de fautes, on peut les
la première faute, mettez ce signe | à la seconde, doublez le || à
lorsqu'il y a des bourdons considerables, on renvoie à la co
de la page par un renvoi X s'ils ne sont que d'une ligne, ou de
bas de la page, et y mettre ce signe X lorsqu'il y a plusie
differens signes à volonté.

MANIERE DE CORRIGER LES ÉPREUVES D'IMPRIMERIE

Désignation	Exemple	Signes
Lettres et mots à changer.	L'Opéra de Phare, dégagé de les	é / a / ed / d / quelques
Pour donner : Mots à ajouter	Longueurs après représentations, a	plusieurs / enfin ramené tous les suffrages.
Ligne à ajouter	La musique simple, naturelle, faute	
Pour ôter/bloquer : Mots à supprimer	qui n'emploie ~~n'emploie~~ pas de	d / d /
Ligne à supprimer	~~qui n'emploie pas les moyens~~	d /
Mots à retourner	moyens violens, ~~jamais~~ ne frappe	3 / 3 /
Mots à transposer	pas [nos] [d'abord] oreilles [un peu] [encore]	⊔ ⊓ / ⊔ ⊓ /
Mots à séparer....	dures : il/faut/du/tems/pour/pénétrer/jusqu'au	# / # / # / # / # / # / # /
Lignes à transposer	reüll, son succès est plus certain et	(transposé)
	cœur, mais quand une fois elle y a	
Blanc à supprimer	( )	( ) /
Lettres à rapprocher	plus durable, que cet enthousiasme	⌒ / ⌒ / ⌒ /
Lettres gâtées	passager qu'exerce quelquefois la	usique bru
Blanc à ajouter	~~musique~~ Bruyante.	‖ ——— interl
	Le bruit peut faire naître l'ivresse ;	
Mots à redresser............	mais quand l'ivresse est passée, elle ne	redressé /
Lettres trop hautes	laisse aucune trace de plaisir : l'illusion	x x x /
Lettres trop basses	théâtrale ne fait plus d'effet.	h / a / e / e / [taquez]
Mots ital. pour des mots rom. vice, versâ	Castigat ridendo mores Santeuil.	[ital] / [ital] / p. cap. rom /
Lettres à nettoyer	Qu'est ~~devenu~~ ~~voleur~~ ~~charmant~~,	
Espaces à abaisser	Compagnou‖ de‖ ma‖ solitude. ‖	x / x / x /
Correction de ponctuation	Cher moineau/ Reviens promptement /	, / r / d
l'accent	Dissiper mon inquiétude	é /
l'apostrophe	Ma voix t'appelle... hélas ! hélas !	' /
Lettres à retourner	Mon cher Lubin ne revient pas.	3 / 3 / 3 / 3 /
Alinéa à marquer	Q'es caresses et ton amour	[/
Blanc à supprimer	⌒ Soulageoient ma peine cruelle....	⌒ /
Grosse et p. capit.	Damon et Lubin tour à tour.	≡ / = /
Lettres d'un autre corps	De mes ennuis jusqu'à ce jour	à / i / u /
Addition en marge / Lett. supér. et Nos.	Mr Jean Dareis. N.º 54. Mr. et Mme.	faits [en addition] re / ...

Lorsqu'une épreuve est beaucoup chargée de fautes, on peut les indiquer par différentes barres : par exemple, à la première faute, mettez ce signe | à la seconde doublez le ‖ à la troisième triplez le ‖| , ainsi de suite. lorsqu'il y a des bourdons considérables, on renvoie à la copie, quand on ne veut pas les indiquer au bas de la page par un renvoi X : s'ils ne sont que d'une ligne ou deux, ou même trois, on peut les transcrire au bas de la page, et y mettre ce signe X : lorsqu'il y a plusieurs bourdons à transcrire on y place différens signes à volonté.

IMPOSITIONS.

Comme les différentes impositions s'échappent facilement de la mémoire, principalement lorsqu'on est
quelques temps sans les mettre en usage, on a jugé à
propos de les faire graver, et par cette méthode, un
apprenti de six mois pourra imposer sans commettre
aucune erreur, et avec autant de facilité que le plus
habile de notre profession.

On a mis quelques impositions du même nombre de
pages, de différentes manières, afin de choisir celles
qui seront plus convenables à la grandeur du papier,
qui se trouve quelquefois plus large ou plus long dans
un endroit que dans un autre.

Quoiqu'il y ait des impositions qui ne se pratiquent
guères, on n'a pas laissé de les mettre au nombre des
autres, afin de n'avoir point de peine de les chercher
dans le besoin; et elles sont toutes construites de manière qu'il sera très-facile au relieur de les plier.

On voit à chaque imposition la figure du chassis,
avec la barre dans sa situation à chaque imposition
différente.

Les places des bois des têtières sont assez visibles, à
cause que les chiffres des pages les enseignent d'eux-
mêmes. On a observé de faire la place des bois de
marge plus large que celle des bois de fond, et aux
endroits où il y a plusieurs cahiers dans une forme, on a
marqué d'un petit filet l'endroit où on les doit couper,
et les lignes de points carrés qui sont entre les pages et
le chassis, dénotent la situation des biseaux.

Il faut aussi observer que l'on coupe toujours la
feuille dans le milieu où est la barre du chassis, lorsque c'est une imposition par demi-feuille; ou bien quand
il y a plusieurs cahiers sur une même forme, excepté à
l'imposition des in-dix-huit, à cause que la barre du
chassis sert de bois de fond; c'est pourquoi quand il

ne se trouve point de barre assez étroite pour cet effet, on doit la mettre en la place du bois de la marge du cahier , de même qu'à l'imposition de l'in-douze, avec les chassis à l'Hollandaise ; et avoir soin de rendre les bois du cahier de l'autre côté de la même égalité de celui où on mettra ladite barre, soit qu'on la place dans le fond, ou à l'endroit du cahier d'en haut, comme je viens de dire.

Enfin, quand on voudra faire quelqu'une de ces impositions , on n'a qu'à poser les pages tout de même qu'on les trouvera marquées, et comme si on voulait poser les pages de sa forme sur celles qui sont marquées dans chacune des planches qui sont ici gravées.

Les impositions par fraction, qui sont les in-octavo de quatre cahiers dans une demi-feuille, les in-douze et les in-seize de trois et de quatre cahiers séparés, sont très-utiles, lorsqu'à la fin d'un ouvrage il ne se rencontre point assez de pages pour la même imposition, ou bien quand on est obligé de faire quelques cartons pour des pages où on aurait laissé échapper des fautes grossières.

L'endroit où on a mis des coins au bas de chaque imposition , est une marque qu'il faut tenir ce côté là devant soi en imposant; c'est à quoi il faut prendre garde : car si cet endroit était tourné d'un autre côté , on transposerait indubitablement sa forme.

Il n'est point d'imprimeur qui ne sache plier les impositions les plus communes et les plus en usage, telles que sont les in-folio, les in-quarto et même jusqu'aux in-vingt-quatre; mais pour les autres, comme elles sont un peu plus difficiles, et fort peu usitées, ils ne les savent pas ordinairement plier, parce que le plus souvent il ne veulent pas se donner la peine de l'apprendre; c'est pourquoi , en faveur des apprentis et de ceux qui ne veulent rien ignorer, on trouvera la manière de plier chaque feuille.

Si dans cette instruction il se rencontrait quelques doutes sur les endroits où on doit couper les cartons , ou les différens cahiers qu'il y a sur une forme , on pourra examiner les impositions dont il sera question , lesquels endroits, comme nous avons déjà dit, sont marqués d'un *petit filet*, c'est à quoi l'on doit faire une grande attention pour bien entendre les instructions suivantes.

Il faut observer pour règle générale, que la première page, de quelque imposition que ce puisse être, doit toujours être la face contre la table sur laquelle on plie.

Ces observations faites, nous commencerons par l'in-folio d'une feuille.

In – folio.

Voyez n°. 1 pour le côté de *première* et *quatre*; et pour le côté de *deux* et *trois*, voyez n°. 3.

La barre du chassis séparera les deux pages, et les bois que l'on mettra à côté serviront de blanc du milieu. On mettra aussi des bois à la tête du chassis. Les biseaux occuperont les côtés extérieurs des pages et leurs pieds.

Pour plier cette imposition, on doit toujours tenir sa feuille de manière que la signature seule, comme A, B, C, etc. soit posée la face contre la table sur laquelle on plie et du côté de la main gauche, le bas des pages devant soi; ensuite on prend le bout de la feuille du côté de la main droite pour faire rencontrer le chiffre de la page 3 sur le chiffre de la page 2, et on plie ainsi ladite feuille par le milieu en donnant un coup de plioir pardessus

De deux feuilles en un cahier.

Voyez Planche première, n°. 2 pour la première forme, n°. 4 pour sa retiration.

N°. 5 pour la troisième *forme*, et n°. 7 pour la retiration de cette forme.

Mettez une réclame à la 2ᵉ page, une à la 6ᵉ, et enfin une à la 8ᵉ.

Aux in-folio de deux, trois, ou de quatre feuilles dans un cahier, on doit poser les signatures A 2, A 3, etc. de la même manière qu'on fait aux signatures seules, et on les plie aussi de même.

De trois feuilles en un cahier.

Voyez Planche première, n°. 6 pour la première forme, n°. 8 pour la retiration de cette première forme.

Planche II, n°. 9 pour la première forme de la seconde feuille , n°. 11 pour sa retiration.

N°. 10 pour la première forme de la troisième feuille, n°. 12 pour sa retiration.

Une réclame à la 2ᵉ page, une à la 4ᵉ, une à la 8ᵉ, une à la 10ᵉ, et la dernière à la 12ᵉ.

In - quarto.

On impose les pages d'un in-4°. tête contre tête ; et la barre du chassis qui est au milieu , dans les impositions à la Française , sert d'appui aux têtières.

A la Lyonaise.

Dans l'imposition à la Lyonaise, on met les bois du côté des pages, ou de tête du chassis, du côté de la cinquième et de la dernière page ; et les biseaux du côté de la première et de la quatrième, pour l'imposition dite du côté de première ; on observe la même méthode pour la forme de retiration.

Prenez garde d'imposer une forme à la Lyonaise, et une autre à la Française, cela occasionnerait des transpositions sous presse, parce que les Imprimeurs se guidant sur les coins qu'ils mettent toujours devant eux sous presse, n'y feraient point attention peut-être, et opéreraient mal.

En une feuille à la Française.

Nota. Vous placerez votre chassis de façon que la barre du milieu sépare les quatre têtes des pages, et contre la barre vous mettrez les quatre bois de tête.

Voyez Planche III, n°. 17 pour la première forme, et n°. 20 pour la retiration.

On plie cette feuille par le milieu , aux trous des pointures ;

cela fait, on prend la feuille par le bout du côté de la page 4 pour la faire rencontrer sur le chiffre de la page 5 , et en même tems on donne un coup de plioir pardessus le papier , avec la main droite, de sorte que la feuille se trouve pliée en quatre.

De deux feuilles en un cahier.

Voyez Planche II, n°. 13 pour la première forme, n°. 15 pour sa retiration.

N°. 14 pour la première forme de la seconde feuille, et n°. 16 pour sa retiration.

On plie ces deux feuilles comme la précédente et on met l'une dans l'autre.

Par demi-feuille.

Voyez Planche III, n°. 18.

On coupe cette feuille par le milieu aux trous des pointures , ensuite on plie chaque demi-feuille comme un in-folio.

En un carton de deux pages.

Voyez Planche III, n°. 19.

In-octavo.

Par feuille entière.

Voyez Planche III, n°. 23 pour la première forme, et n°. 24 pour la retiration.

Pour plier, on pose cette feuille d'une manière qu'on ait les pages en longueur devant soi, et la signature seule à main gauche, ensuite on plie la feuille directement aux trous des pointures , comme à l'in-folio ; on prend ensuite le bout de la feuille du côté des pointures pour faire rencontrer l'extrémité de la dernière ligne de la page 12 sur l'autre extrémité de la page 13 ; après quoi on passe le plioir pardessus la feuille qui est pour lors pliée in-quarto ; cela fait, on prend de rechef le bout de la feuille du côté des chiffres pour poser la page 8 contre la page 9, en observant de faire glisser le cahier tant soit peu vers soi, afin qu'on puisse plier avec plus de facilité , et sans se gêner.

Par demi-feuille.

Voyez Planche III, n°. 21.

L'in-octavo par demi-feuille, se coupe par le milieu directement aux trous des pointures, ensuite on plie les deux demi-feuilles en deux cahiers in-quarto.

De deux cahiers, sur une demi-feuille.

Voyez Planche III, n°. 22.

On coupe la feuille en quatre, ensuite on plie comme l'in-folio.

In-douze.

Cette imposition se fait de deux manières, ou carton en dedans, ou carton en dehors.

Lorsqu'on impose carton en dedans, on met six signatures dans la feuille; carton en dehors, on met deux lettres différentes pour signatures; savoir la signature A, par exemple, pour les 16 pages composant le grand carton, et la signature B pour le petit carton composé de 8 pages. On se sert, pour imposer l'in-12, ou de chassis à la Française, ou de chassis à l'Hollandaise.

Les chassis à la Française ont la barre dans le milieu en longueur, et non pas en travers comme les chassis in-4°.

Les chassis à l'Hollandaise ont la barre en travers à l'endroit du grand carton, à un tiers de distance de la longueur du chassis.

Une partie des chassis in-4°. sert à imposer l'in-12 à la manière Hollandaise, en transportant la barre dans deux petites mortaises pratiquées plus haut, où elle entre juste, et s'y tient ferme.

Par feuille, le carton en dedans.

Chassis à la Française.

Dans les in-12, l'Imprimeur n'a pas à craindre de mal tourner son papier; les pointures le guident.

Voyez Planche IV, n°. 25 pour la première forme, et n°. 26, pour la retiration.

Pour l'imposition in-douze, on pose la feuille de manière que les pages soient en longueur devant soi, et la première page à main gauche; ensuite on coupe le carton directement aux trous des pointures; sitôt qu'on aura plié ladite feuille en deux, par le milieu de sa longueur, on plie de rechef ledit carton en deux, en observant de bien faire rencontrer les chiffres les uns sur les autres, et de laisser la signature A 5; et le restant de la feuille se doit plier comme un in octavo.

Par feuille, le carton en dehors.

Chassis à l'Hollandaise.

Voyez Planche IV, n°. 27, pour le côté de première, et n°. 28, pour la retiration.

Cette feuille se plie comme la précédente ; on doit seulement observer de ne point mettre le carton dans le milieu du cahier, attendu que cette feuille fait deux cahiers séparés.

Par demi-feuille, carton en dedans.

Chassis à l'Hollandaise ou à la Française. Voyez Planche IV, n°. 29.

Les in-douze par demi-feuille se coupent premièrement tout le long de la feuille ; ensuite on coupe et on plie les deux cartons de même qu'à l'in-douze par feuille entière, et les deux autres cahiers se plient comme deux in-quarto.

Par demi-feuille, carton en dehors.

Chassis à l'Hollandaise ou à la Française.

Voyez Planche IV, n°. 30.

Cette feuille se plie comme la précédente, et chaque demi-feuille fait deux cahiers séparés.

Par feuille entière de trois cahiers séparés.

Voyez Planche V, n°s. 31 et 32.

On coupe cette feuille en 3 bandes le long des têtières, et on les plie comme une bande in-douze par feuille.

On se sert rarement de cette imposition : comme elle ne se fait que pour obvier aux pages blanches qui se trouvent à la fin d'un ouvrage, et que l'on est obligé, pour remplir cette imposition, de composer deux ou trois fois les mêmes pages, on préfère d'imposer in-8°. la fin d'un ouvrage in-12, en prenant du papier plus petit. Par exemple, si la fin d'un in-12 est de 6, 7 ou 8 pages, on impose en une demi-feuille in-8°. Si la feuille fait 14, 15 ou 16 pages, on impose en une feuille in-8°., observant de mettre les mêmes blancs de fond et de tête que dans les précédentes feuilles in-12. Si on a 2, 3 ou 4 pages de plus que la feuille in-8°. on fait un carton ou une demi-forme.

in-8°. de plus; de manière que si l'in-12 était tiré sur du grand carré, par exemple, on prendrait de l'écu pour tirer cette fin in-8°. etc. etc.

Par demi-feuille de trois cahiers séparés.

Voyez Planche V, n°. 33.

On coupe cette feuille par le milieu de sa longueur, et on partage chaque demi-feuille encore en 3 parties pour les plier comme un in-folio,

---

In-seize.

Dans ce format, on met huit signatures, et sous presse on retourne in-12 son papier.

Par feuille entière d'un seul cahier.

Voyez Planche V, n°s. 34 et 35.

Si c'est un in-seize par feuille entière, on plie la feuille par le milieu, directement aux pointures sans la couper; puis on plie cette feuille, ainsi doublée, comme si ce n'était qu'une demi-feuille in-seize, en observant de poser directement les chiffres des pages les uns sur les autres.

Par demi-feuille en un cahier.

Voyez Planche VI, n°. 36.

Pour plier un in-seize par demi-feuille, on coupe la feuille par le milieu aux trous des pointures, après quoi on plie les deux demi-feuilles comme deux cahiers in-octavo.

Par demi-feuille en deux cahiers.

Voyez Planche VI, n°. 37.

Cette feuille se partage en quatre parties pour la plier en quatre cahiers in-quarto.

Par feuille entière, en deux cahiers séparés.

Voyez Planche VI, n°s. 38 et 39.

Cette feuille se coupe par le milieu, et se plie comme l'in-seize par demi-feuille.

In-dix-huit.

Nota. Qu'on observe bien de mettre dans toutes ces impositions les filets indiqués par les Planches ; ils servent de renseignement à la Pliure.

Lorsqu'on se sert de chassis à l'Hollandaise pour imposer les in-18, et que la barre du chassis est plus épaisse que les bois de fond, on peut en ce cas placer la barre à l'endroit des cartons, en observant de mettre ladite barre au carton d'en bas pour le papier blanc, et de la mettre au carton d'en haut à la retiration.

L'Imprimeur placera ses pointures en bas, en papier blanc, et les remettra en haut à la retiration.

Par feuille entière en un seul cahier.

Dans cette imposition, la barre du chassis sert de petit blanc, au moyen de réglettes que l'on met de chaque côté pour proportionner les blancs, et pour empêcher que la lettre ne s'abîme contre le fer.

Voyez Planche VI, nᵒˢ. 40 et 41.

Pour plier la première imposition de nos in-dix-huit, qui est en un seul cahier, on coupe la feuille tout le long de la bande du carton d'en haut, et pour plier ce carton, on pose le chiffre de la page 21, sur celui de la page 20, celui de la page 14, sur celui de la page 15, et celui de la page 22, sur celui de la page 23.

Pour plier le reste de la feuille on pose la page 33, sur la page 32, la page 3 sur la page 2, et le reste de ladite feuille se plie en in-quarto.

Autre manière d'imposer cet in-18.

Voyez Planche VII, nᵒˢ. 42 et 43.

Pour plier cette imposition on coupe la bande de six pages à main droite au milieu de la marge du côté des chiffres, ensuite on coupe les deux feuillets d'en haut de cette bande, que l'on plie comme un in-folio, la signature A 9 en dehors, et le reste se plie comme un in-quarto, après quoi on coupe et on plie le reste de la feuille comme une imposition in-12 par feuille entière : cette feuille étant ainsi pliée, on doit encartonner ces quatre cahiers l'un dans l'autre dans leur ordre naturel pour ne faire qu'un seul cahier.

Par feuille entière, en deux cahiers, le plus en usage.

La barre du chassis sert de petit bois de fond.

Voyez Planche VII, n°s. 44 et 45.

Pour plier cet in-dix-huit on coupe la première bande de six pages qui est à main droite, après on coupe les deux feuillets d'en haut de cette bande que l'on plie de même que celle de l'imposition suivante, et le reste de la présente feuille se coupe et se plie de même qu'une imposition in-douze par feuille entière ; cela fait, on place les deux cartons dans les deux cahiers séparés.

Par feuille de deux cahiers sur une feuille.

La barre du chassis sert de bois au carton.
Voyez Planche VIII, n°s. 46 et 47.

Le premier cahier de cette imposition est de seize pages, et le second de vingt ; pour la plier on coupe la feuille tout le long de la bande d'en haut, et on pose le chiffre de la page 22 sur la 23 ; ensuite on tourne le cahier sans dessus dessous pour poser le chiffre de la page 28 sur celui de la page 29 ; après quoi on plie le reste par le milieu, la signature B 3 en dehors ; puis on coupe le carton de quatre pages à main droite, qui est le commencement du cahier de la lettre B, lequel on plie comme un in-quarto ; la signature B en dehors et le restant de la feuille, qui fait le seul cahier de la signature A, se plie comme un in-octavo.

Par feuille entière de trois cahiers séparés.

La barre au milieu du chassis, comme dans l'in-4°.
Voyez Planche VIII, n°s. 48 et 49.

Cette imposition se coupe en trois bandes par la longueur des pages, ensuite on plie ces trois bandes comme une imposition in-douze par demi-feuille.

Carton en dehors.
Voyez Planche IX, n°s. 50 et 51.

Il faudra mettre des filets simples au petit carton pour le distinguer du grand.

Carton en dedans.

Voyez Planche IX, n°s. 52 et 53.

A trois signatures.

Autre manière de l'imposer, que celle indiquée aux n°s. 48 et 49 de la Planche VIII.

Voyez Planche IX, n°s. 54 et 55.

Par demi-feuille.

Voyez Planche X, n°. 56.

Cette imposition est quelquefois nécessaire, comme dans le cas où un ouvrage finit par le même nombre de pages qu'elle contient; mais il faut observer qu'il y a quatre pages à transposer à la retiration, savoir les quatre pages d'en bas, qui sont contre la barre du chassis, lesquelles seront transposées diagonalement à la retiration.

Instruction pour plier cette imposition.

Premièrement on coupe la bande d'en haut tout le long des têtières, et on la sépare en quatre parties; savoir, les deux bouts de ladite bande, chacun de deux feuillets que l'on plie comme des in-folio, et les deux feuillets qui restent dans le milieu de ladite bande, se partagent encore en deux, qui font deux feuillets volans, lesquels se placent dans le milieu de chaque cahier dont cette demi-feuille est composée; pour le restant de la feuille, on la sépare encore en trois parties, savoir les deux bouts de la feuille en deux cahiers in-4°. et les quatre pages qui restent dans le milieu de cette feuille, se séparent encore en deux, par le milieu des têtières, que l'on plie comme deux in-folio; après quoi on assemble les cartons pour les ranger l'un dans l'autre, et on en fait deux cahiers de 18 pages chacun.

Cette demi-feuille s'impose dans un chassis in-4°. et se retourne in-8°.

In-vingt-quatre.

Par demi-feuille, d'un cahier.

Voyez Planche X, n°. 57.

Pour plier cette imposition, on coupe premièrement la feuille par le milieu directement aux trous des pointures, ensuite on plie chaque demi-feuille tout le long du milieu de la marge des têtières, cela fait on pose le chiffre de la quatrième page sur la cinquième, après quoi on tourne le cahier dessus dessous, et l'on pose de rechef le chiffre de la page 16 sur celui de la page 17 ; ensuite pour achever de plier ce cahier, on pose le chiffre de la page 12 sur le chiffre de la page 13.

Feuille carton en dedans.

Voyez Planche XI, nos. 58 et 59.

Carton en dehors.

Voyez Planche XI, nos. 60 et 61.

Quart in-vingt-quatre.

Voyez Planche XI, n°. 62.

On se sert de cette Imposition lorsqu'il y a 60 pages à un labeur in-24: on extrait des 60 pages la vingt-cinquième jusqu'à la trente-sixième inclusivement, et on les impose de la manière ci-dessus. On doit retourner in-4°., et on pliera la bande de 12 pages sans rien couper.

En une forme de deux demi-feuilles in-12.

Cette Imposition se fait, par exemple, lorsque l'on veut grossir un petit ouvrage.

Voyez Planche XI, n°. 63.

On coupe la feuille par le milieu où sont les trous des pointures et on plie comme un in-12.

Feuille à trois signatures.

Voyez Planche XI, nos. 64 et 65.

Après qu'on aura plié la feuille par le milieu directement aux pointures sans la couper, on la pose d'une manière que la lettre A soit dessous la main gauche ; ensuite on coupe le cahier de la signature C, qui est comme un double cahier in-quarto, que l'on plie de même ; cela fait on coupe le reste de la feuille en deux parties à la barre du chassis pour les plier en deux cahiers in-octavo.

Par feuille en trois cahiers séparés.

Voyez Planche XII, nos. 66 et 67.

Cette feuille se plie comme la précédente.

(13)

Par feuille entière de deux cahiers séparés.

Voyez Planche XIII, nos. 68 et 69.

On coupe cette feuille par le milieu aux trous des pointures, et on plie chaque demi-feuille comme une imposition in-douze par feuille entière.

Par demi-feuille d'un seul cahier séparé.

Voyez Planche XIV, no. 70.

Cette imposition se sépare aussi par le milieu, et se plie comme la précédente, et les deux cahiers d'en haut s'encartonnent dans le milieu des deux cahiers d'en bas, lesquels se plient comme deux in-octavo.

Par demi-feuille de deux cahiers séparés.

Voyez Planche XIV, n°. 71.

Pour plier, on sépare la feuille par le milieu des pointures, ensuite on coupe la bande d'en haut, les deux demi-feuilles ensemble, pour en faire deux cahiers séparés des signatures B ; et le reste de la feuille, où sont les signatures A, se plie comme deux cahiers in-octavo.

D'un cahier, par demi-feuille, en façon d'un in-16.

Cette imposition est peu usitée.

Voyez Planche XV, n°. 72.

Pour plier cette imposition, on sépare la feuille par le milieu aux pointures, et on tourne les deux demi-feuilles d'une manière que les signatures A, soient dessous la main gauche ; ensuite on coupe le carton de quatre pages à main droite, lesquelles on plie comme deux in-quarto, pour les encartonner dans le milieu des deux autres cahiers, qui est le restant de la feuille, et qui se plient comme deux in-octavo.

Par demi-feuille, de deux cahiers, en forme de trois in-4°.

Voyez Planche XV, n°. 73.

Après qu'on aura coupé cette feuille en deux directement aux pointures, on tourne la feuille d'une manière que les signatures de la lettre A soient dessous la main gauche, après on coupe chaque demi-feuille en trois parties séparées, dont on plie les deux parties de chaque bout desdites demi-feuilles en in-quarto, et la partie du milieu sera encore séparée en deux par le milieu de la marge des têtières, pour en faire deux cartons in-folio pour les placer dans le milieu des deux précédens cahiers.

Si cette imposition s'impose en trois cahiers séparés, on ne séparera point cette partie du milieu par les têtières ; mais on la pliera aussi in-quarto.

In-trente-deux.

Par feuille entière, en quatre cahiers séparés.

Voyez Planche XVI, nᵒˢ. 74 et 75.

Pour plier on coupe cette feuille aux trous des pointures, ensuite on sépare chaque demi feuille en deux par le milieu du bas des pages ; de sorte que la feuille étant ainsi partagée en quatre parties, on la plie en quatre cahiers in-octavo.

Par demi-feuille, de deux cahiers séparés.

Voyez Planche XVII, nᵒ. 76.

Cette imposition in-trente-deux par demi-feuille, se coupe et se plie comme l'imposition par feuille entière.

In-trente-six.

Par demi-feuille de deux cahiers séparés.

Voyez Planche XVII, nᵒ. 77.

Cette feuille se coupe aussi par le milieu des pointures, et après qu'on aura posé la signature A dessous la main gauche : on coupe le carton de six pages qui est à main droite, que l'on plie comme un in-douze par demi feuille ; cela fait, on coupe la bande de l'autre cahier le long des têtières que l'on plie comme le carton d'un in-douze, et le reste se plie en deux cahiers in-octavo ; ensuite on place les deux cartons dans le milieu des cahiers A et B.

Par feuille entière de trois cahiers séparés.

Chassis à l'Hollandaise : retourner in-12 à la retiration.

Voyez Planche XVIII, n⁰ˢ. 78 et 79.

Pour plier on pose la feuille d'une manière que la signature A soit dessous la main gauche ; ensuite on coupe la première bande à main droite, qui fait trois cartons in-quarto que l'on plie de même, après les avoir séparés en trois parties ; après quoi on coupe le reste du papier de travers en trois parties, que l'on plie en trois cahiers in-octavo ; cela fait, on place les trois petits cartons dans le milieu des trois cahiers que l'on vient de plier in-8°, qui sont les signatures A, B et C.

In-quarante-huit.

Par feuille entière, de six cahiers séparés.

Voyez Planche XIX, n⁰ˢ. 80 et 81.

Cette feuille se plie fort aisément : on n'a qu'à tourner la signature A, dessous la main gauche, et couper la feuille par le milieu de sa largeur ; ensuite on partage encore cette demi-feuille en trois parties, et on plie chaque partie comme un in-octavo.

Par demi-feuille de trois cahiers séparés.

Chassis à l'Hollandaise.

Voyez Planche XX, n°. 82.

Cette imposition par demi-feuille, se coupe et se plie aussi de même que la précédente.

In-soixante-quatre.

Retourner le papier in-4°.

Par demi-feuille de quatre cahiers séparés.

Voyez Planche XX, n°. 83.

Pour plier on coupe cette feuille par le milieu des pointures ; après cela on coupe en deux chaque demi-feuille, ensuite on tourne ces quatre bandes afin que la signature A soit dessous la main gauche, et on les coupe toutes quatre ensemble en deux par le milieu, de sorte que l'on aura huit parties que l'on doit plier comme l'in-octavo.

In-soixante-douze.

Par demi-feuille de trois cahiers séparés.
Voyez Planche XXI, n°. 84.

On sépare la feuille par le milieu des pointures ; ensuite on coupe à main droite une bande, par la longueur de la demi-feuille, qui sont trois cartons in-quarto, laquelle bande se sépare aussi en trois parties, que l'on plie de même, en commençant par la partie d'en haut qui est la signature C 5 ; cela fait, on coupe encore le reste de la feuille en trois parties, en commençant par la partie d'en haut, ou est la signature C, que l'on plie comme l'in-octavo, de même que les deux autres cahiers B, et A ; ces trois cahiers étant ainsi pliés, on place les trois cartons des signatures A 5, B 5, et C 5, dans le milieu de chacun desdits cahiers où sont les signatures A, B et C.

In-quatre-vingt-seize.

Par demi-feuille de six cahiers séparés.
Voyez Planche XXI, n°. 85.

Cette feuille se sépare par le milieu des pointures ; ensuite on coupe chaque demi-feuille en deux par le milieu de sa longueur ; après cela, on sépare encore chaque partie en trois par leur largeur, de sorte que l'on aura six parties dans la demi-feuille ; lesquelles on plie en in-octavo, en commençant par le cahier F qui est au-dessus des autres, et en finissant par le premier cahier qui est la signature A.

In-cent-vingt-huit.

Par demi-feuille de huit cahiers séparés.
Voyez Planche XXII, n°. 86.

On coupe aussi cette feuille par le milieu des pointures ; ensuite on coupe ces deux-demi-feuilles ensemble par le milieu de la longeur des pages, et on les partage ensuite toutes ensemble en quatre parties, de sorte que l'on aura huit cahiers sur une demi-feuille, que l'on pliera aussi eu in-octavo, en commençant par le cahier H, qui se trouvera le premier par dessus, et l'on finira par le dernier qui est le cahier A.

Fin des Impositions.

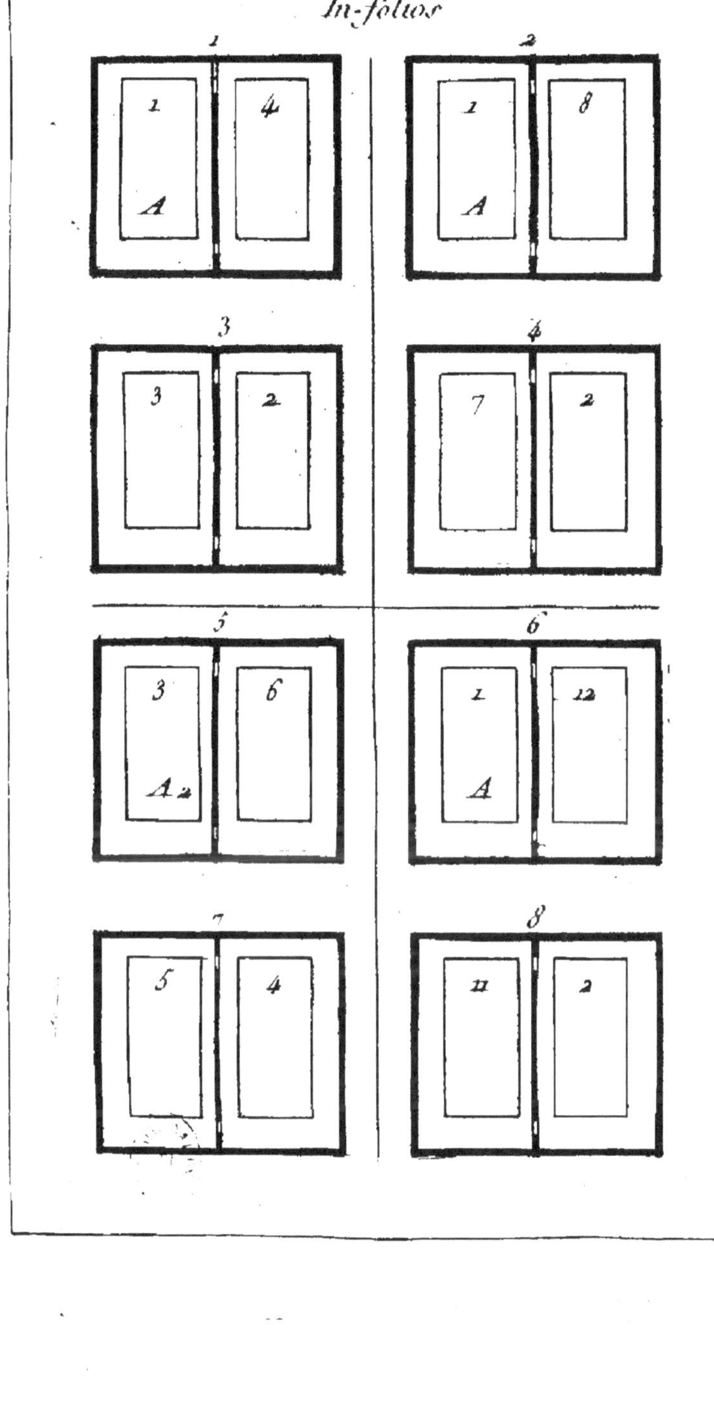

Pl. I.er
In-folios

pl. II
In-f.° et In-4°

pl. III.

In-4ᵃ

In-8ᵃ

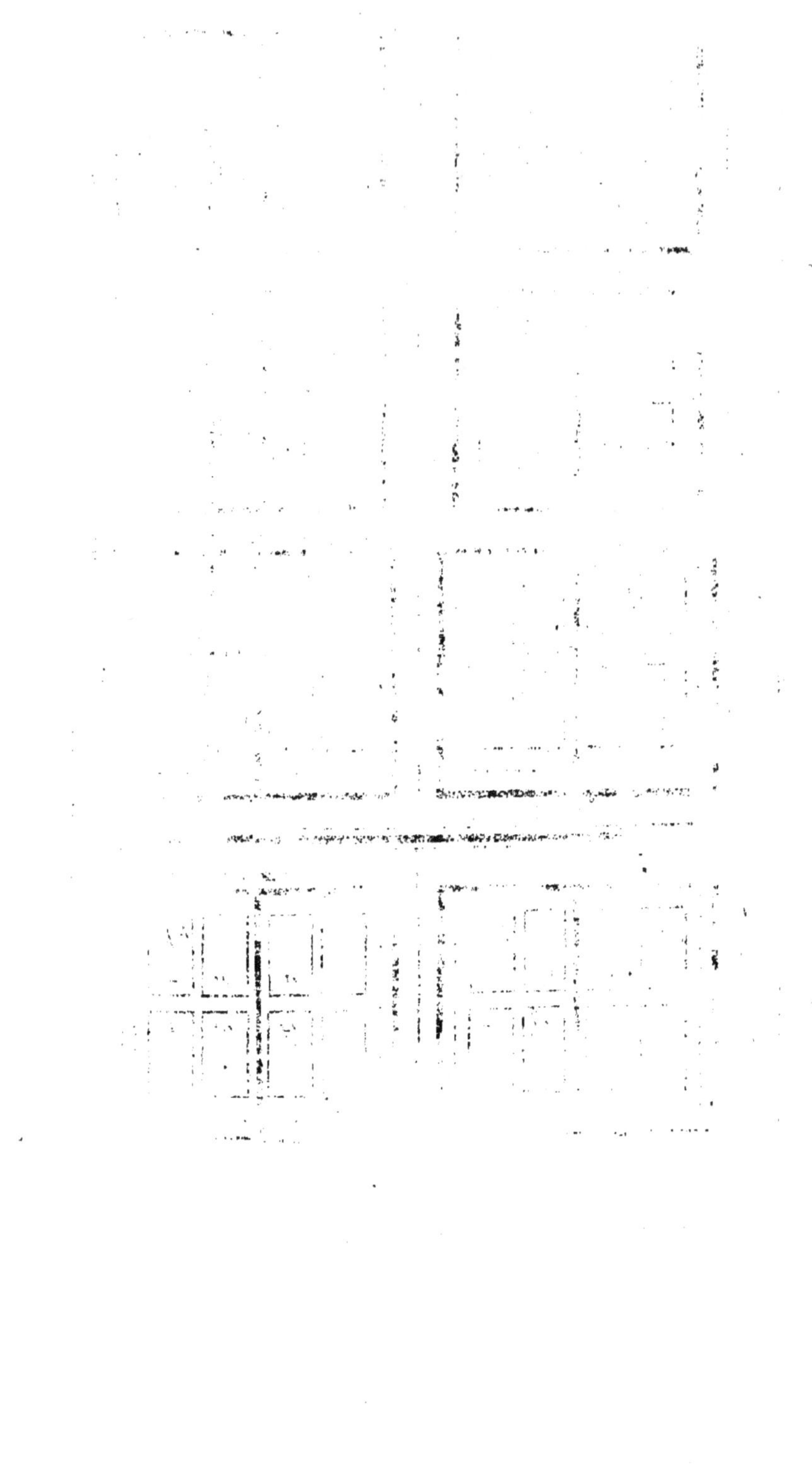

Pl. IV.

In-12

25 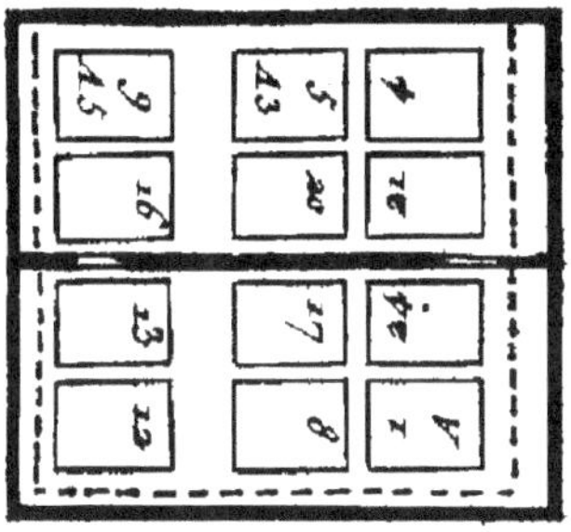
26 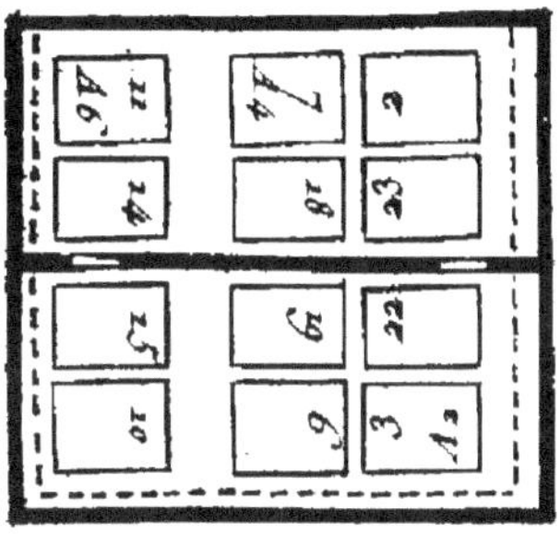
27 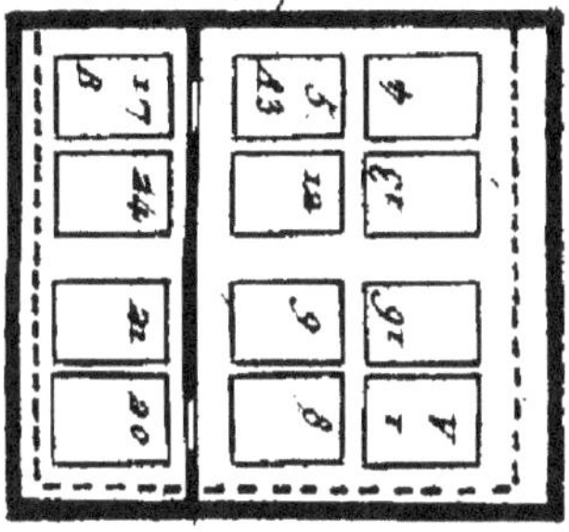
28 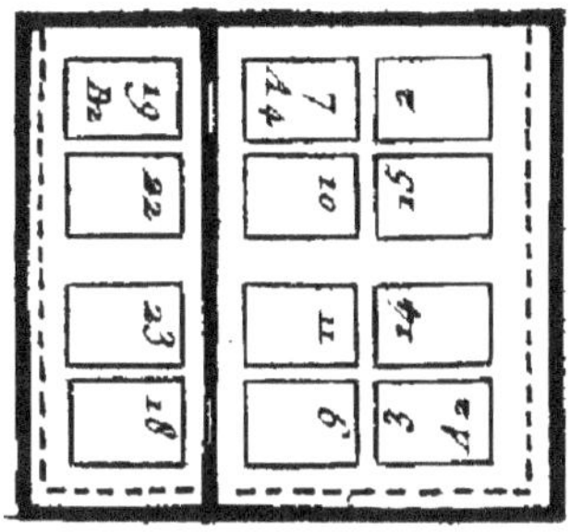
29 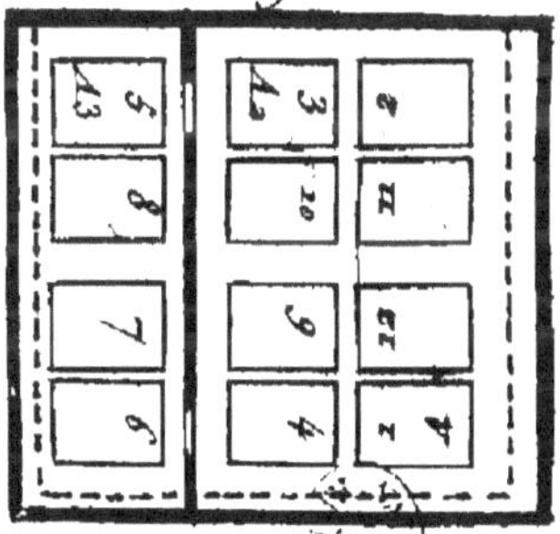
30

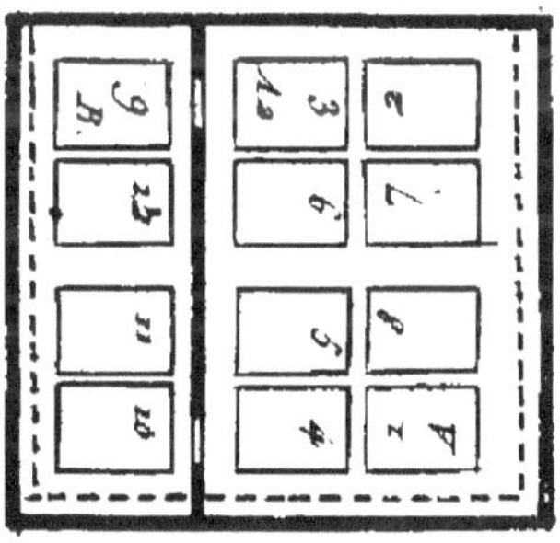

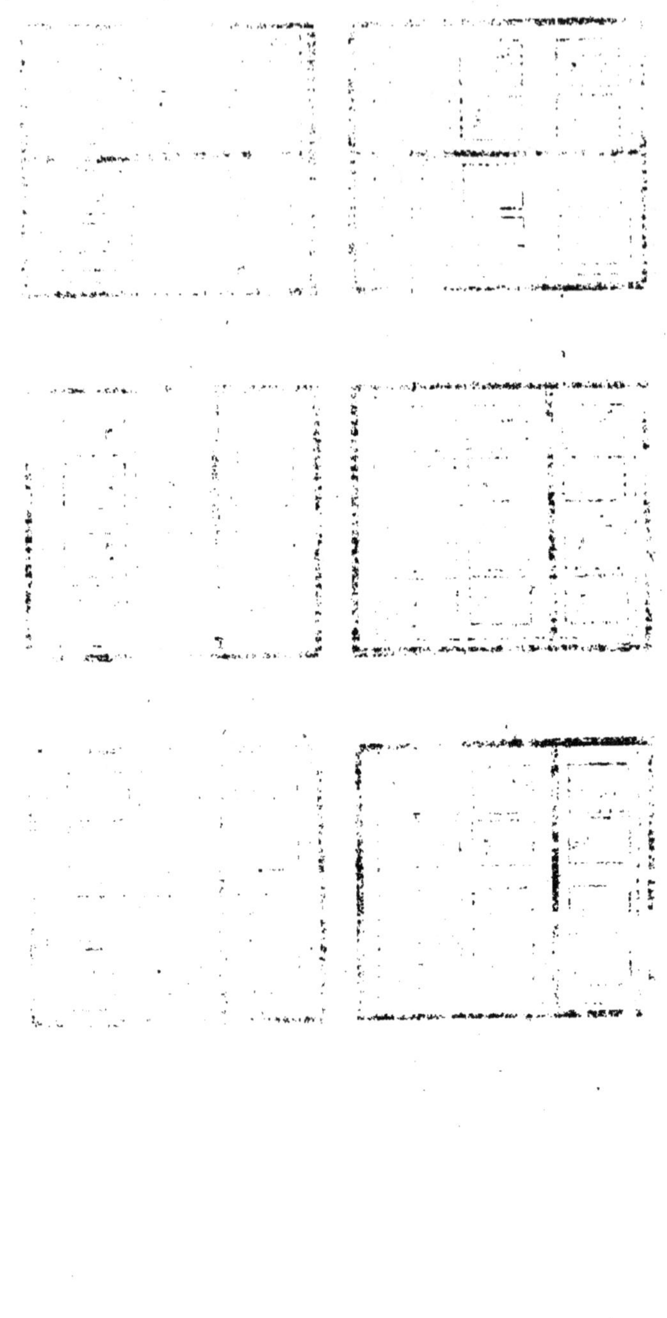

pl. V.

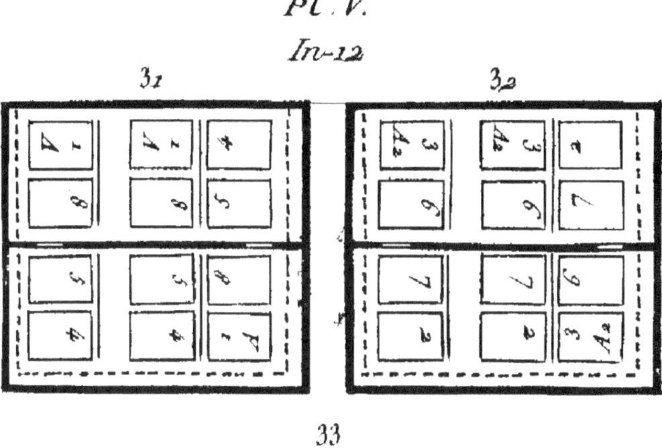
In-12
31
32

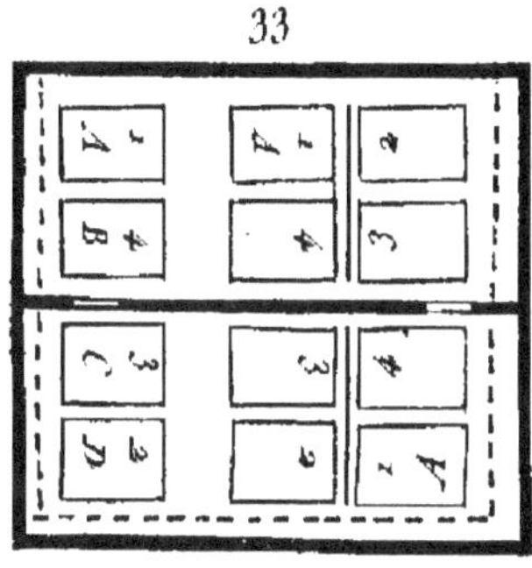
33

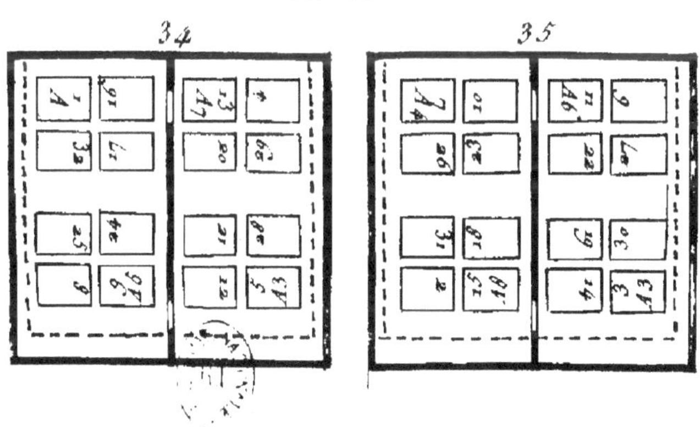
In-16
34
35

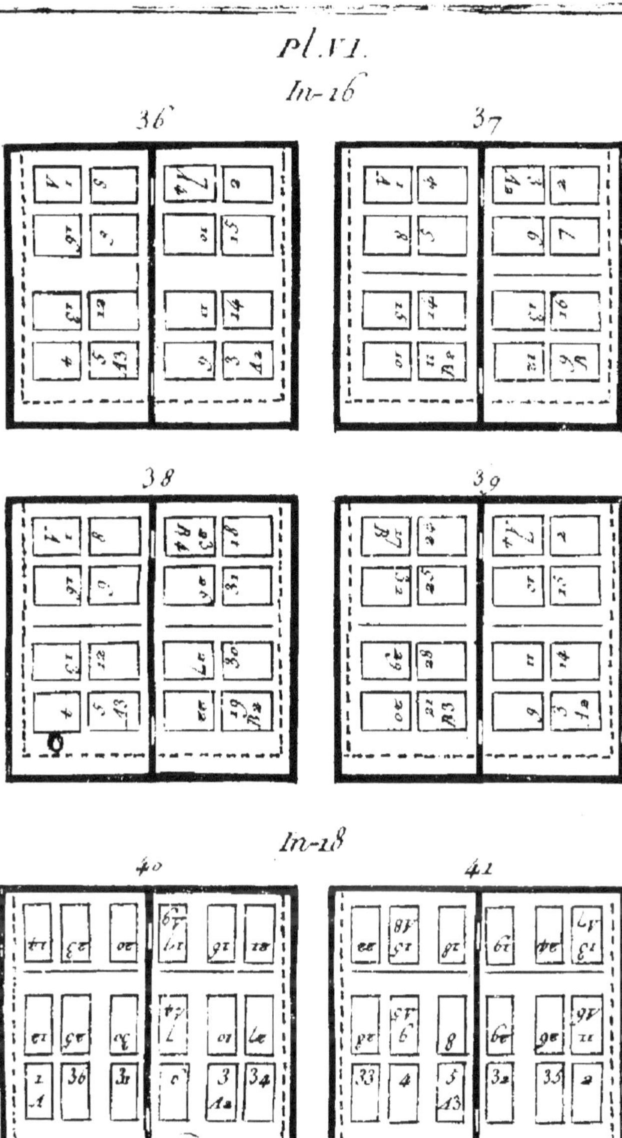
36
37
38
39
In-18
40
41

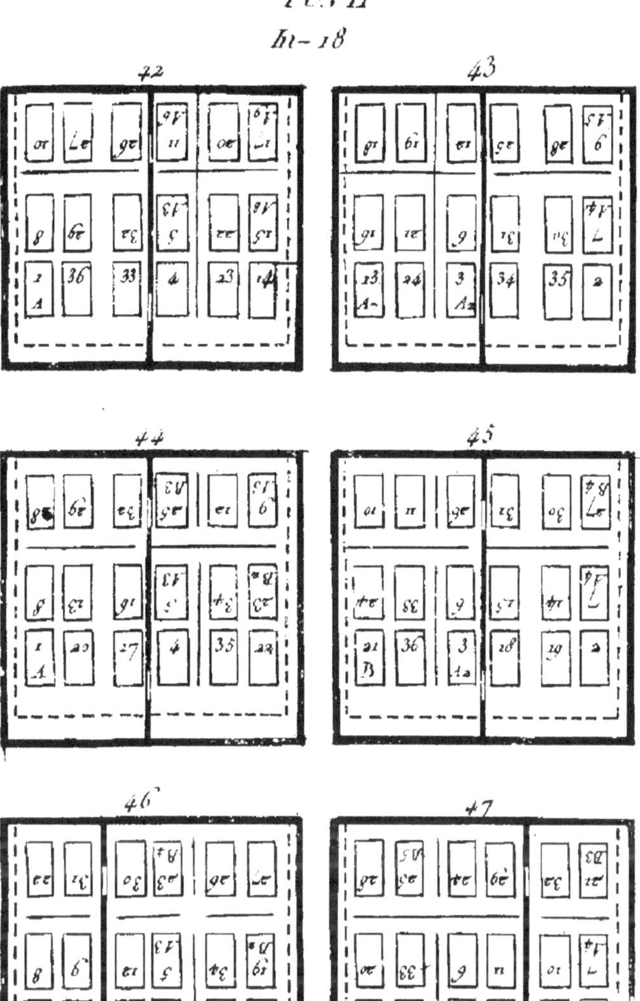

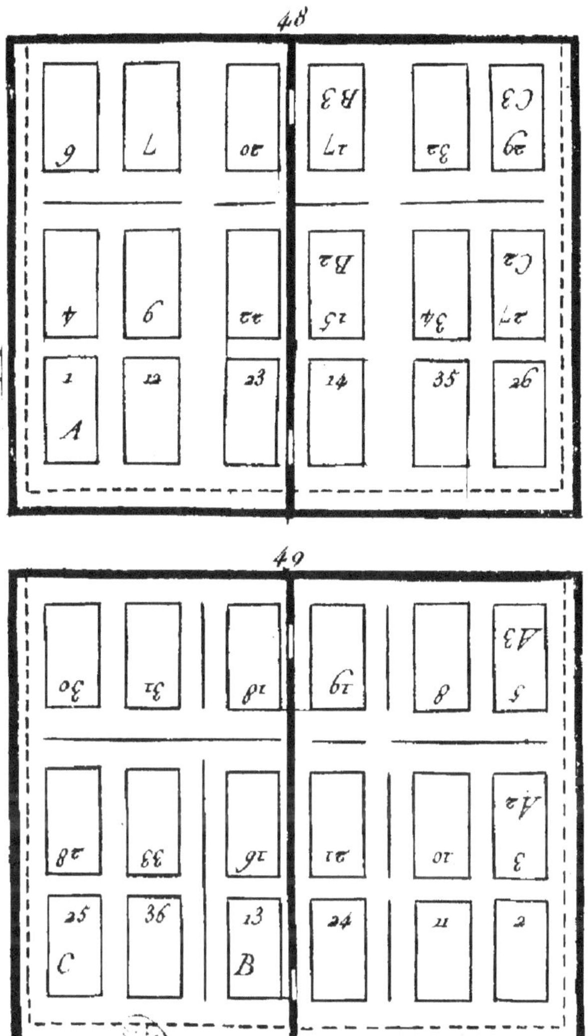
48
49

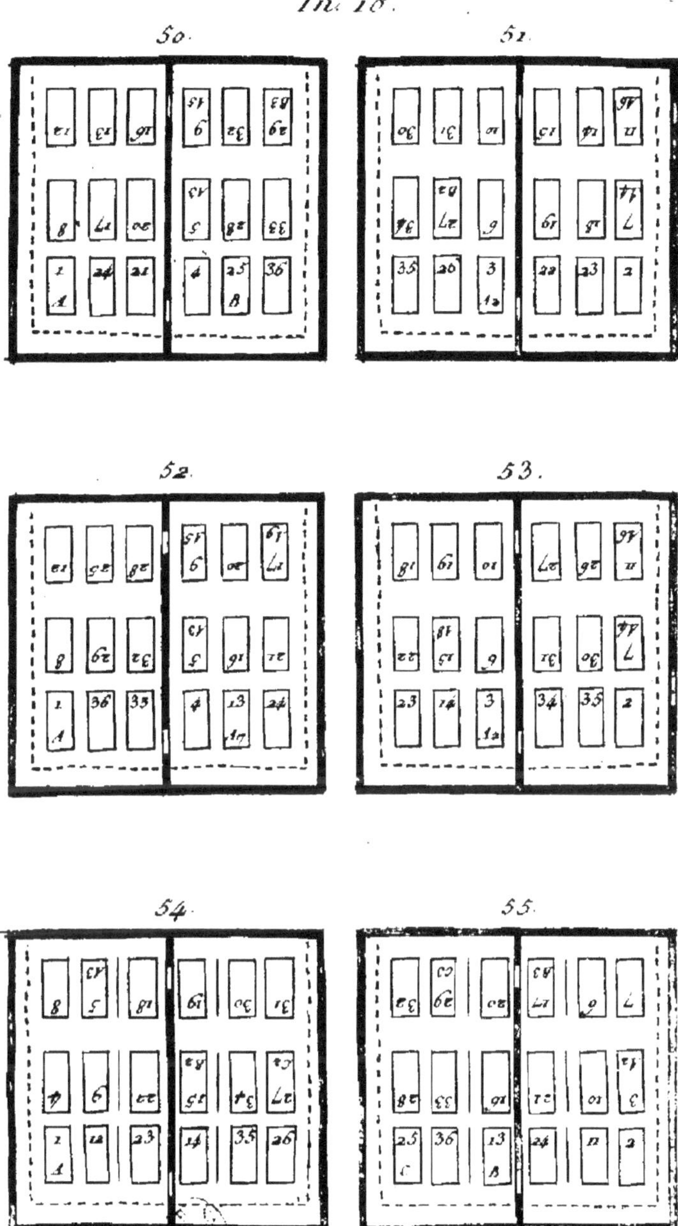
50.
51.
52.
53.
54.
55.

In-18

56

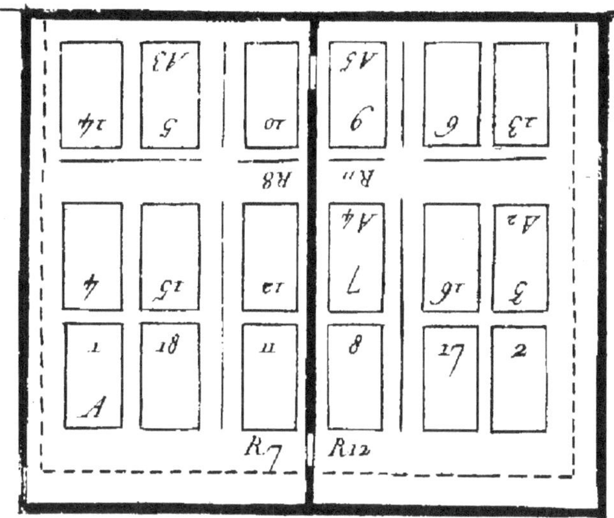

In-24

57.

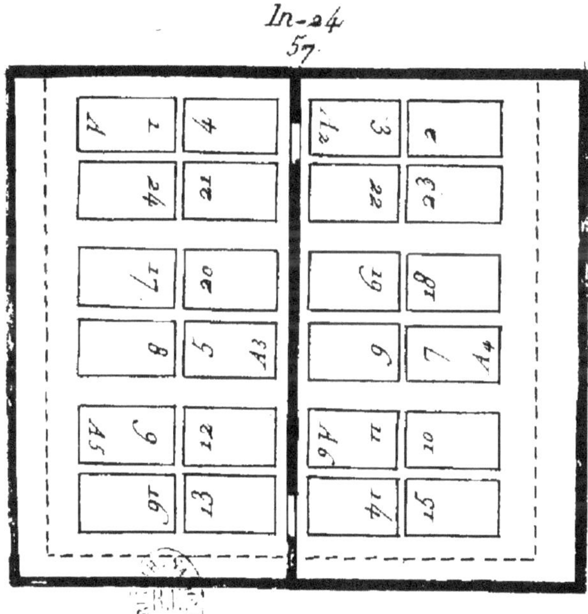

Pl. XI.
In-24.

58.   59. 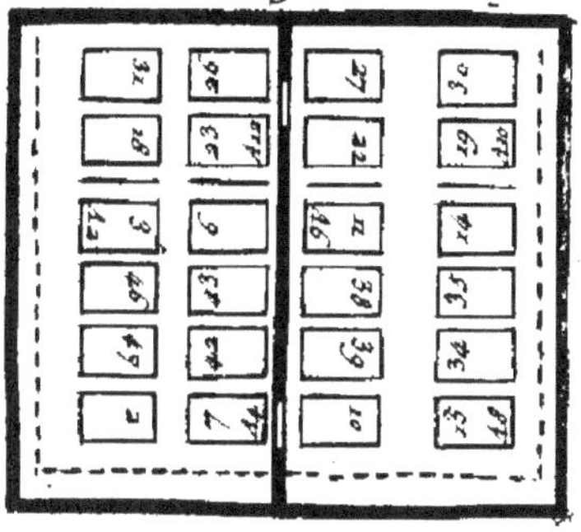
60. 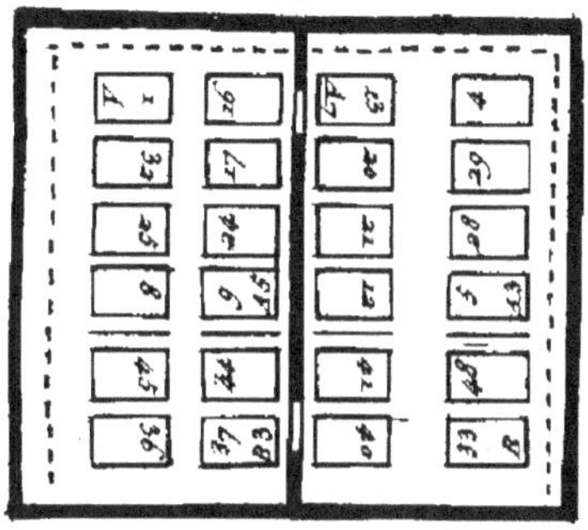   61. 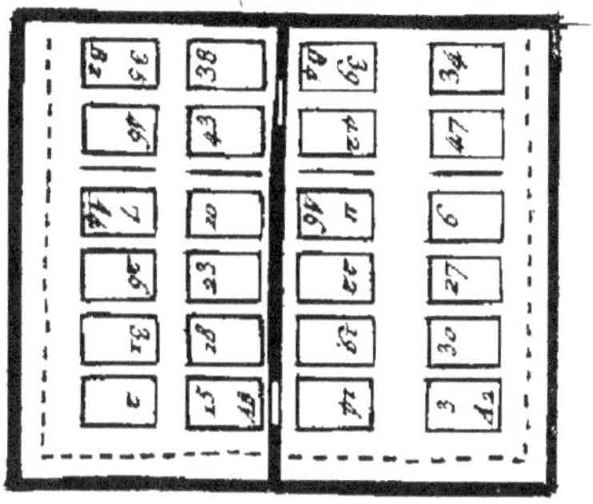
62. 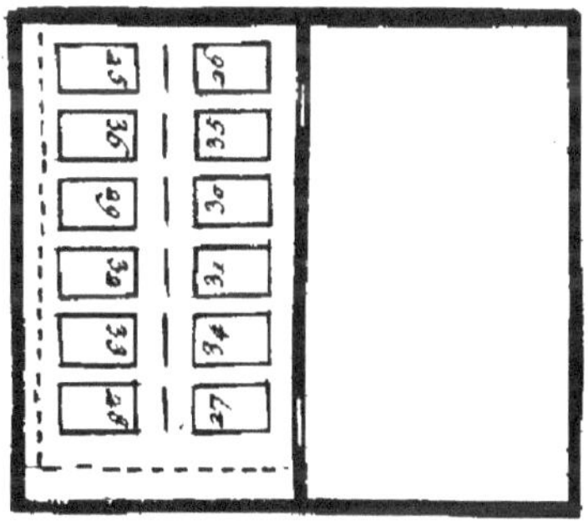   63. 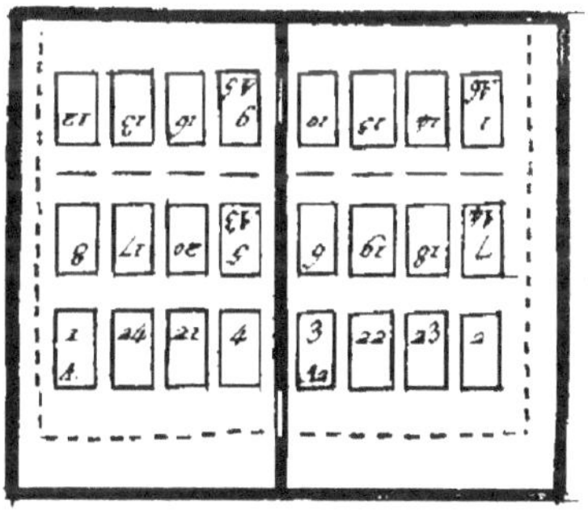
64. 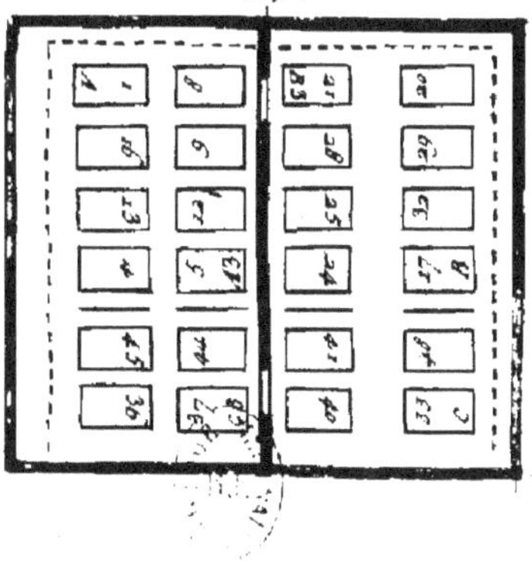   65.

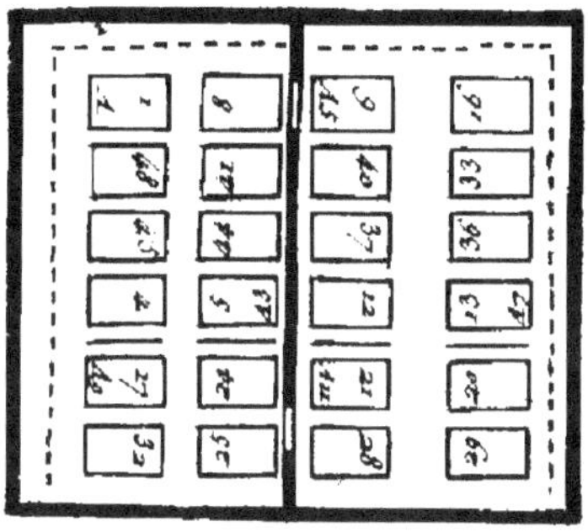

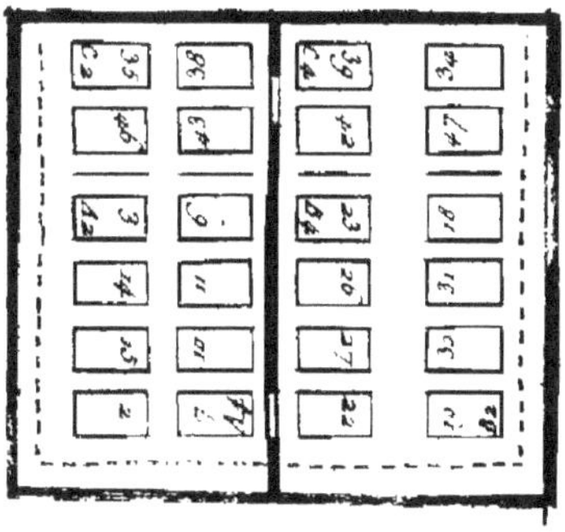

66.

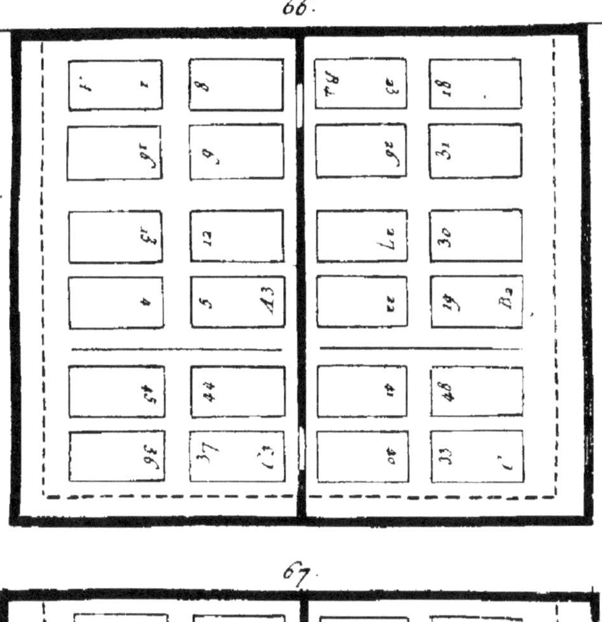

67.

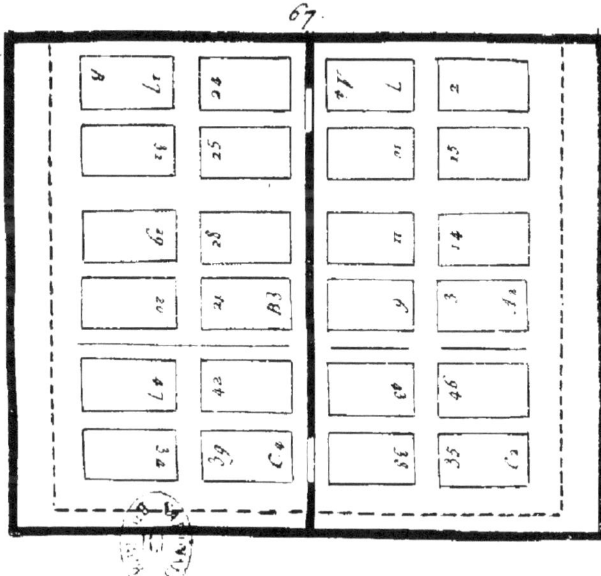

68.

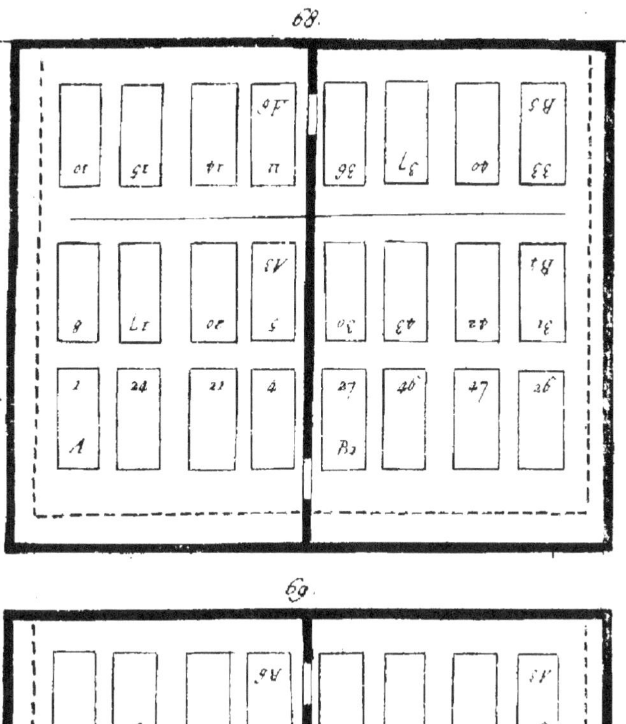

69.

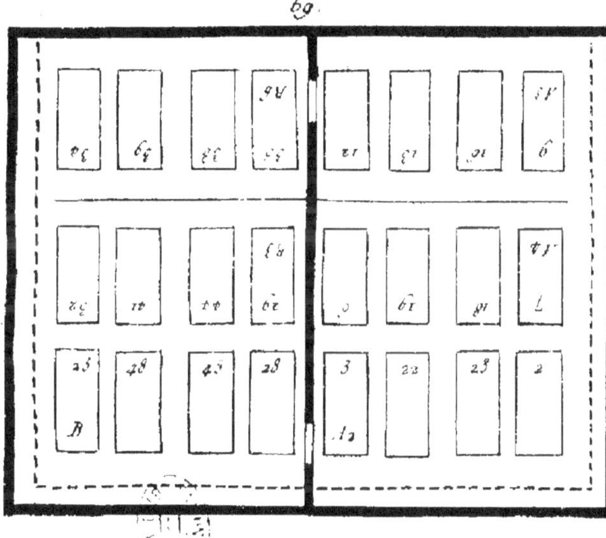

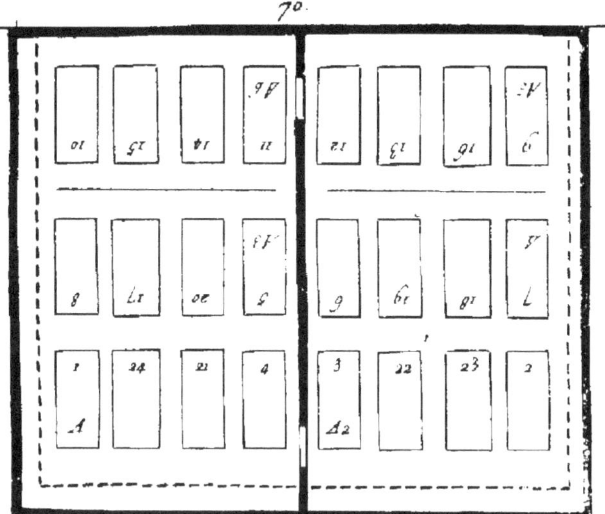

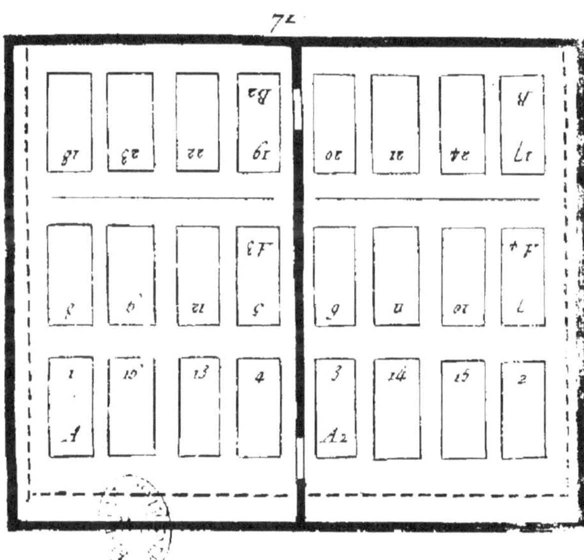

72.

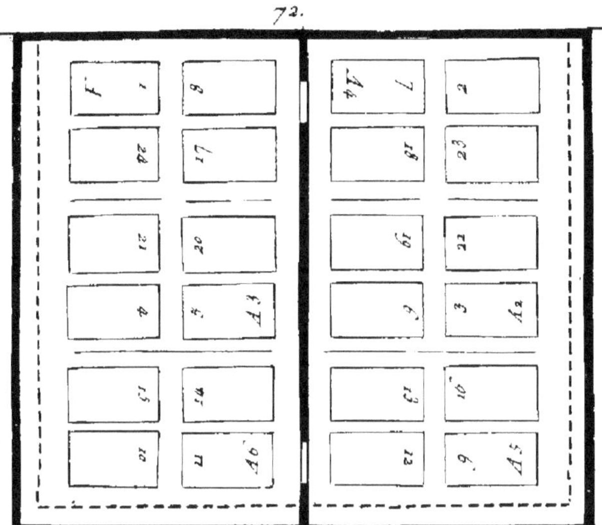

73.

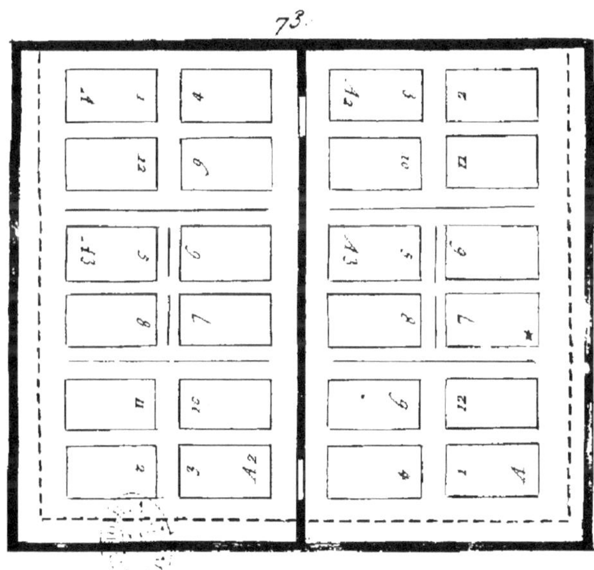

74.

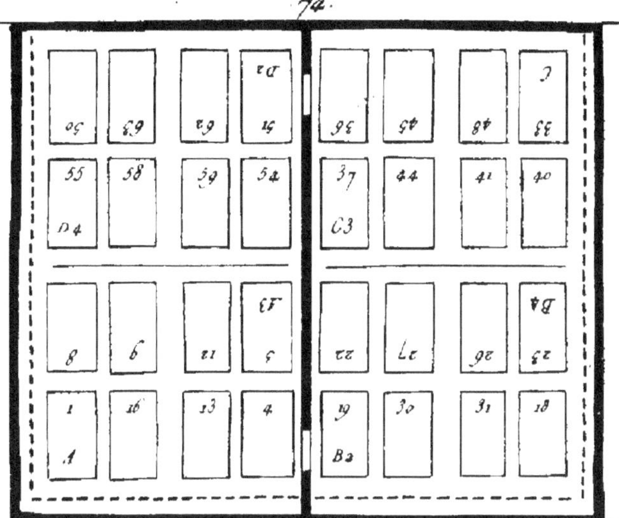

75.

In-32

76.

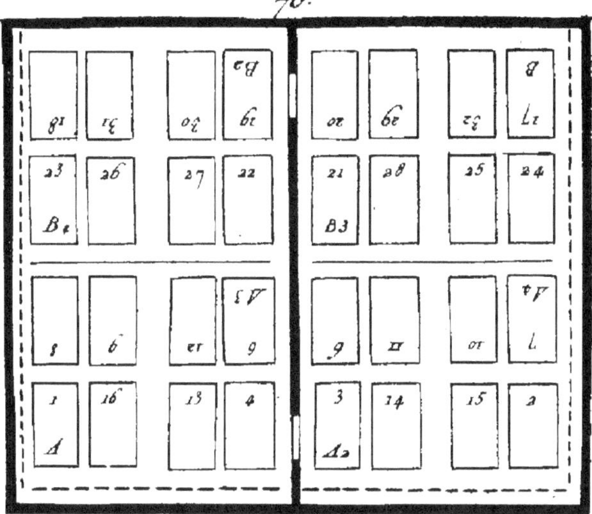

In-36

77.

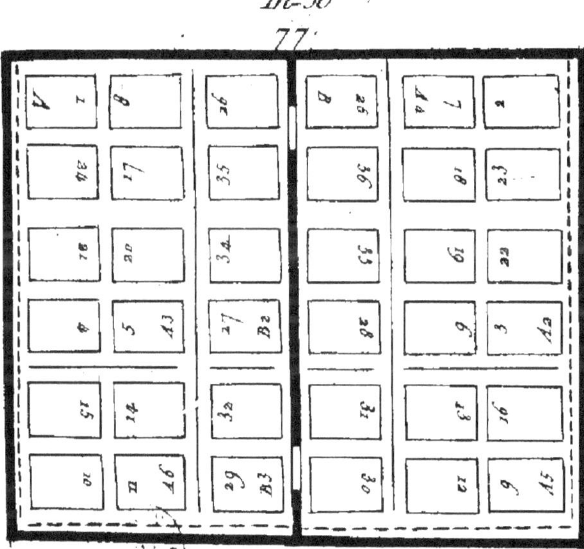

78.

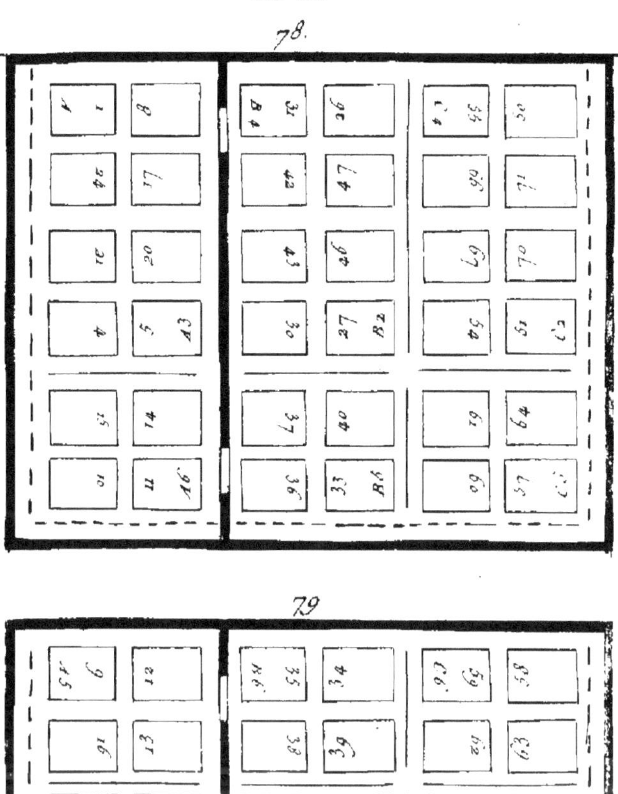

79.

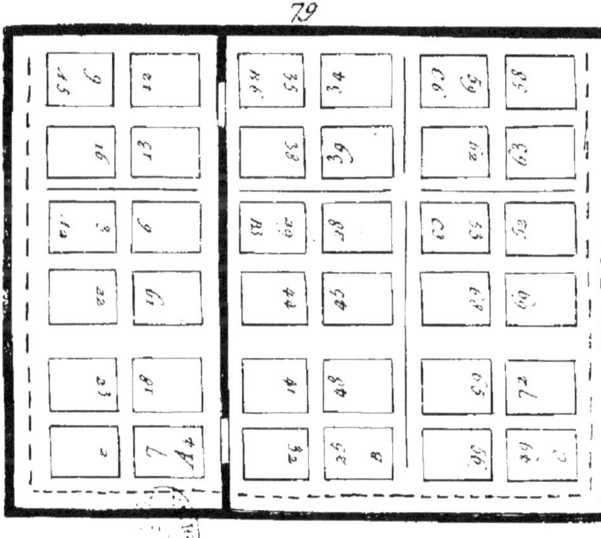

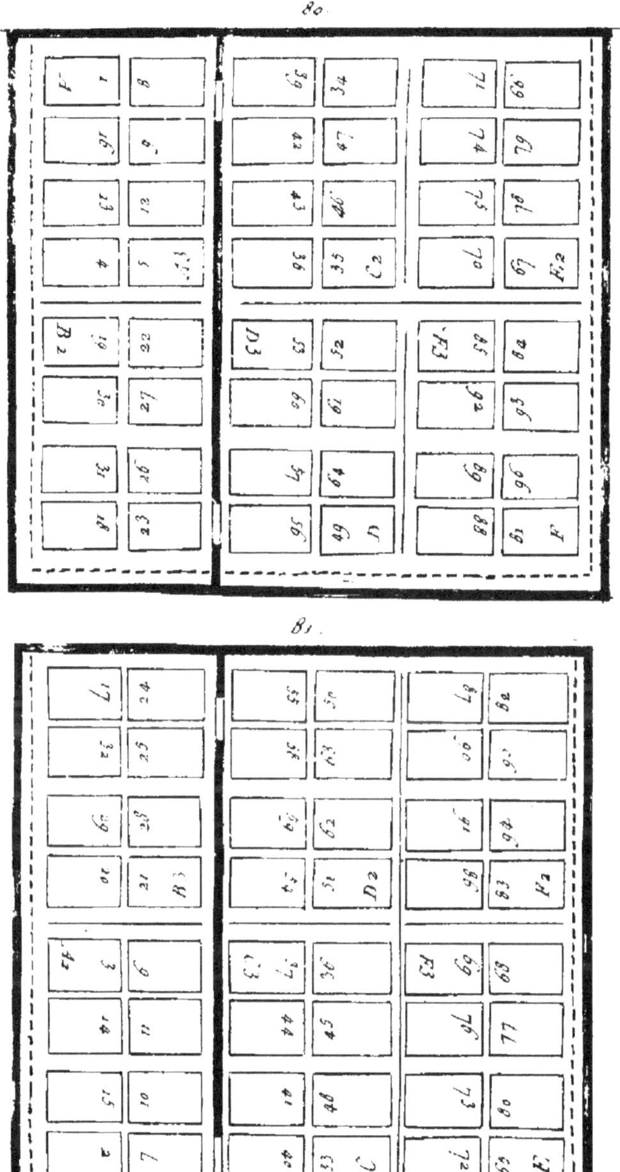

Pl. XX.
In-48
82.

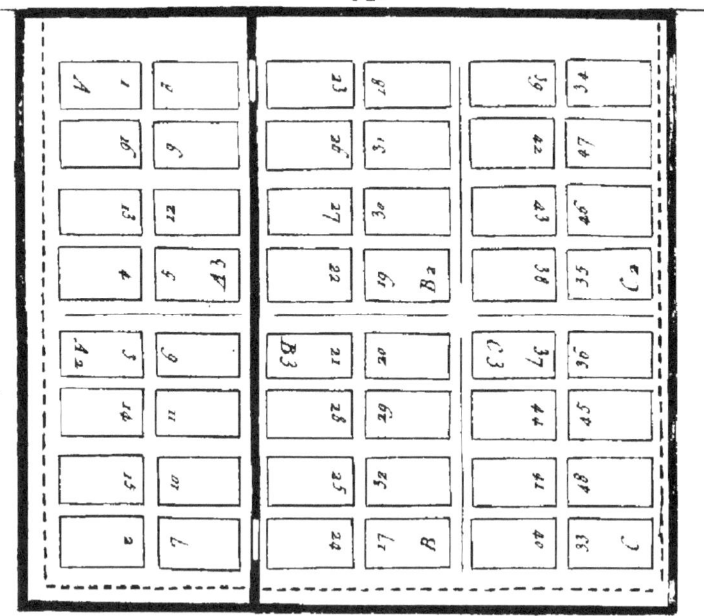

In-64
83

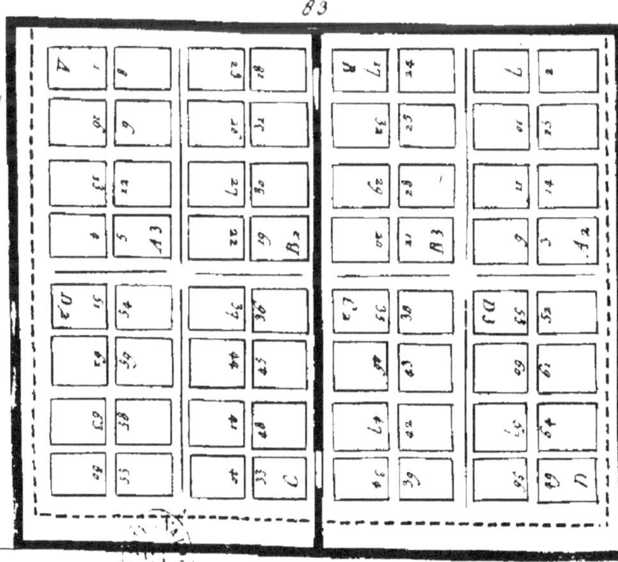

In-72

84.

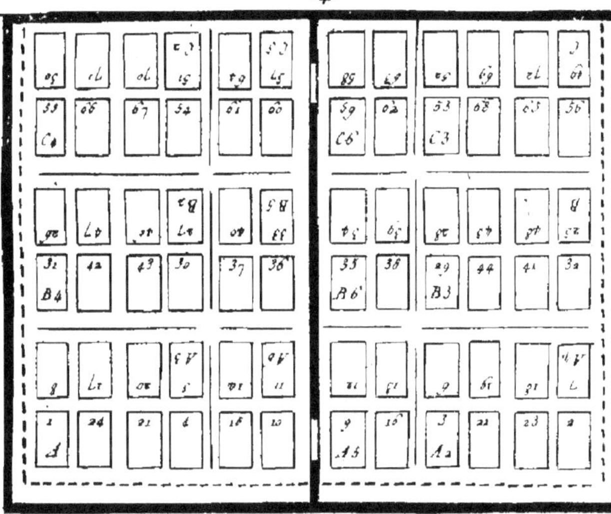

In-96

85.

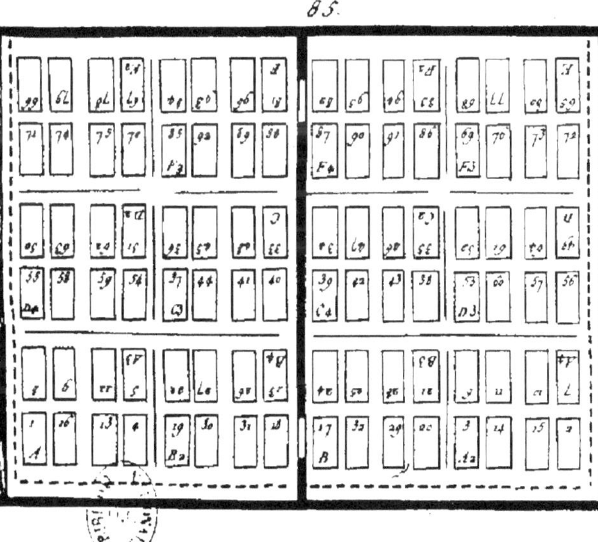

Pl. XXII.

In-128

86

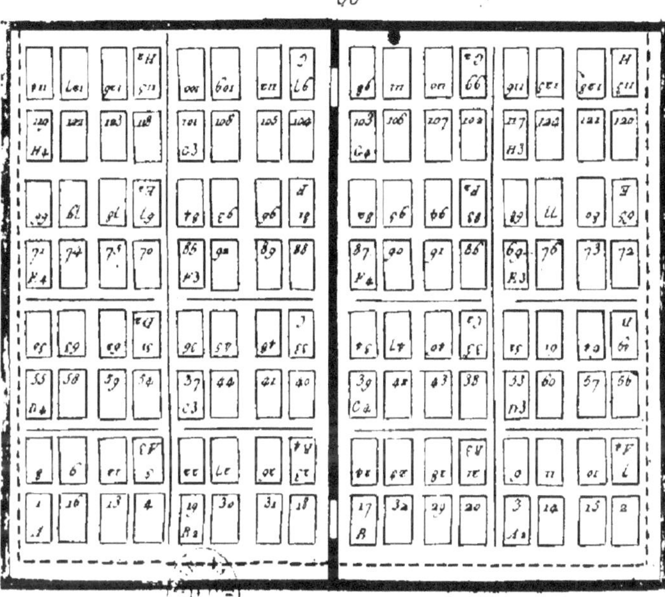

Casseau Supérieur

Grandes Capitales. Petites Capitales

A	B	C	D	E	F	G	A	B	C	D	E	F	G
H	I	K	L	M	N	O	H	I	K	L	M	N	O
P	Q	R	S	T	V	X	P	Q	R	S	T	V	X
â	ê	î	ô	û	Y	Z	J	U	É	È	Ê	Y	Z
á	é	í	ó	ú	É		ffl		Ç	Œ	Æ	W	!
à	è	ì	ò	ù	;		fl		Ç	Œ	Æ	W	?
*	È	U	J	j	ſt	ſſ	ff	e	t	u	( )	[ ]	

Casseau Inferieur ou Bas de casse

ä	c	e	-	'	
&	b	c	d		e
z / y	l	m	n		i
x	v	u	t		Espaces

1	2	3	4	5	6	7	8
s		ſ	f	g	h	9 / æ	° / œ
o		p	q	ſſi / ſi	ffi / fi	k / :	Demi cadratins / Cadratins
a		r		.	,	Cadrats	